5G 世代軟板高頻材料及微細線路製程簡介

作者：蘇文彥

台灣電路板產業學院
Taiwan PCB Institute

CONTENTS

CONTENTS

CONTENTS

理事長序

隨著科技的發展，製造業的智慧化轉型已是趨勢所在，在工業 4.0 的推波助瀾之下，5G 行動通訊具有超高頻寬與高速（eMBB）、超高可靠度與低延遲（uRLCC）、大規模通訊（mMTC）等優點，使用這些技術優勢，期盼為工業物聯網應用帶來嶄新契機。資策會 MIC 預測，2026 年全球智慧製造市場規模上看 420 億美元，在這樣龐大商機之下，5G 行動通訊在製造業的應用，便是兵家必爭之地。

鑒於電路板產業變化更迭快速，為了能夠更加精進技術與產品，各公司無不悉心鑽研相關新知與開發技術。尤其目前終端產品會使用到大量的軟板，在軟板材料、製程的知識需要有統一的語彙及認知，幫助產業迎接 5G 世代新浪潮。為了協助產業人才技術扎根，特別邀請旗勝科技蘇文彥副總協助撰寫本書，將其在軟板業界二十餘載的實力，不藏私的分享。即便軟板乍看之下不大起眼，但其可撓曲的特性在現代電子產品扮演不可或缺的角色。軟板是如何生產及應用？5G 對於軟板製造的影響為何？面對愈來愈嚴苛的規格尺寸，我們需要本書當作入門磚，敲開電路板產業在軟板材料、微細線路製程的大門，使對該領域有興趣的人都可以更快速的汲取知識、掌握邁入 5G 世代的新動能。

期待「5G 世代軟板高頻材料及微細線路製程簡介」一書能夠帶領各類讀者入門，更能為日後的進階學習打下良好基礎，提升台灣電路板產業人才素質。本人謹代表 TPCA，感謝旗勝科技 蘇文彥副總接下撰寫本書的挑戰，無私分享多年累積下來的實務經驗談。產業發展瞬息萬變、技術不斷推陳出新，期許所有企業與讀者都能在變化莫測的世局當中，站穩腳步、精益求精，以沉穩的技術含量，迎接未來諸多挑戰。敬祝大家平安健康、產業暢旺長紅！

台灣電路板協會 理事長

李長明

2021.07

推薦序

旗勝科技貿易股份有限公司總經理 吉葉伸仲序文

この本を手にし購入を迷っている皆様、ぜひ御一読されることをお勧めします。この本に貴方が目を通す価値は充分にあると断言します。電子基板に対する貴方の知識をより深いものにしてくれる一冊となるはずです。

私は著者と約3年ほど仕事を共にしております。著者は、元々弊社の技術畑が長く、特許も数件保有していますが、営業としてもその才能を如何なく　揮してくれており、現在当社の副　経理として大活躍してくれています。

電子業界は日々変わるものです。我々はその変化に遅れまいと日々研鑽に励んでおります。当社の主要製品であるFPCは決して目立つものではありませんが、現代の電子機器においては無くてはならない部品です。我々の日常においてスマートフォンから車まで、ほぼ全ての電子機器にFPCが入っています。

FPCはどのような生産工程を経て出来上がるのか、どのように応用されているのか、またこの小さな電子部品が将来我々の生活とどう　わっていくのかも、本書をご　いただければ、垣間見ることができるはずです。

この本が皆様のお役に立つことができれば、共に電子部品業界で働くものとして大変嬉しく感じます。

Mektec Trading Taiwan
吉葉　伸仲

在猶豫是否購買此書的各位，本人在此強力推薦，我敢說此書必定能豐富各位對於印刷電路板的知識，完全值得一讀。

我與作者同事約三年的時光，作者原是敝司負責技術的長官，也有幾件專利，後來轉為業務發揮所長，現在則是敝司的副總，掌管大局。

電子業界每天都在變化，為了不要落後，我們每天都細心鑽研相關知識、技術。本公司的主要產品為FPC，FPC乍看之下雖然不起眼，卻是現代電子機器不可或缺的零件。我們日常生活上從智慧型手機到汽車，幾乎所有的電子機器都有FPC。

FPC是如何生產的？如何被應用？這個精巧的電子零件跟我們未來的生活又有怎樣的關聯？這些問題相信只要讀過本書，必能略窺一二。

若此書對各位有所助益的話，同為電子零件業界奮鬥的一份子，我也與有榮焉。

Mektec Trading Taiwan
吉葉　伸仲

自序

筆者於日商 FPC 廠工作 30 餘年，每天皆接觸到 FPC，常常自詡為日皮台骨。現在很幸運的，我能有機會接觸及邁入 5G 世代，5G 的超高速高容量，同時可多端連接，及低遲延的特性，會改變未來人類的生活習慣，同時對未來的 FPC 製造也會產生很大的改變。

但是最近我和客戶、供應商及自家的同事討論到一些 5G 議題時，發現很多人對 5G 的相關知識一知半解，或是觀念上有錯誤，產生了很多的溝通問題，而本書的內容主要是介紹 FPC 因 5G 的需要，材料由 PI 變成高頻材料，製程由減層法，開始出現半增層法。筆者針對 5G 世代 FPC 的此二項材料及製程，進行系統性地介紹，希望大家能在一定基礎上討論出更創新的產品。

出版本書的目的有下列三點：

1. 為了讓在業界工作多年的自己留作紀念。

2. TPCA 協會多次邀請本人參加微細線路半增層法的研習會，但因時間有限，無法深入講解，因此萌生寫作想法，希望可以寫一本比較完整的書，將我的想法，及資料介紹給讀者。

3. 讓 FPC 相關業界（包含板廠、材料商、設備商、藥水廠商）了解未來的市場需求，及板廠遇到的問題，進而能有一些更好的構想。

當然 FPC 的製程很廣，單憑一己之力，絕對無法完成本書的著作。在此，我要感謝下列業界各位專家所提供的豐富資料。

FLTC 松本博士（原 MEKTRON 取締役）

佳勝的李弘榮董事長

達邁及柏彌蘭的羅吉歡總經理，陳宗儀博士

達邁的金進興博士

鼎展的許國城總經理，（鼎展是台灣真空濺鍍材料的優良供應商）

JCU 的顏于清經理

台灣美格（MEC）的蔡裕興副總經理及李宗尉課長

（李課長今年要退休，祝他退休後的生活精彩）

及其他業界不便透漏姓名的朋友

還有幫我做很多實驗的旗勝陳炳儒經理、歐泰隴專理、及整理資料的 TPCA Alice、Lisa 小姐。

同時還要感謝我的太太胡秀蓉女士的付出，幫忙照顧小朋友及家庭，讓我能安心地寫書。

寫完這本書，讓我深深地體悟到，我們台灣在 5G 的 FPC 相關產業產品完全是世界第一流的，同時還有很多創新的產品，比歐美日的供應商更有競爭力，希望台灣的 FPC 產業，能於此 5G 世代持續發光發熱。

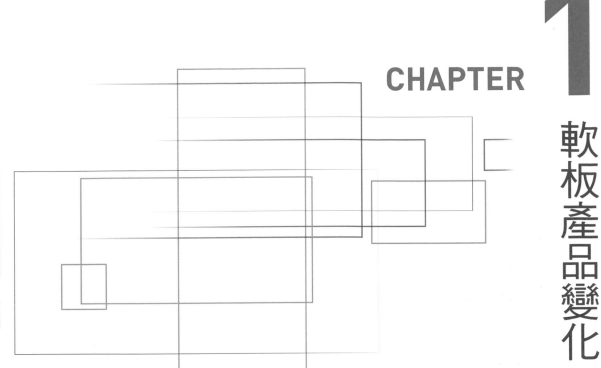

CHAPTER **1**

軟板產品變化

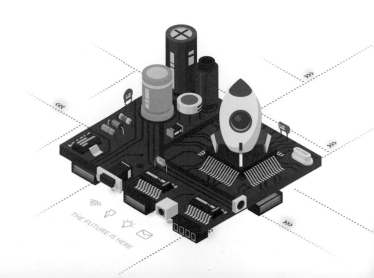

THE FUTURE IS HERE

第一章：軟板產品變化

　　軟性印刷電路板（Flexible-Printed-Circuit；FPC，圖 1.1）的運用已超過 50 年，因為是以聚醯亞胺（Polyimide；PI）當基材，和印刷電路板（Printed-Circuit-Board；PCB，圖 1.2）相比，具有可撓曲性及良好的耐化性及耐熱性等優點，隨著了解的工程師增加，使用軟板的數量也逐年增長。

　　在 2000 年代當手機被開發出來，手機日漸被普遍地使用。因手機的空間有限，手機用的電路板漸漸由印刷電路板變更成軟板，加上手機的功能日漸增加，在小空間內要放更多的零件，每台手機使用軟板的量漸漸增加，致使軟板需求量呈高倍的成長，相關的軟板製造廠商及材料設備供應商也逐步地增加。特別是智慧手機的出現，越高階的手機對軟板需求量更大，造成軟板迅速成長。

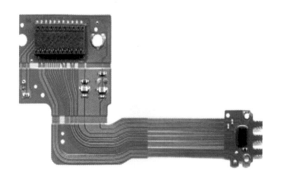

圖 1.1：軟板

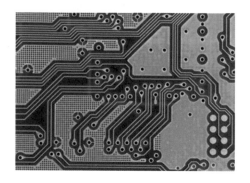

圖 1.2：PCB

　　軟板的製程在這 50 年來，最大的變化是材料變薄，線路變細，其他的主要製程及使用聚醯亞胺主材料上並沒有太大的改變。

　　近期隨著 5G 時代的來臨，信號傳輸量成倍數增加，相關新產品及軟板的新運用如自動駕駛車，物聯網等，快速地被開發出來，隨著這些新的運用，相對 50 年製程材料不變的軟板，預估在 5G 世代，軟板在材料及製程上會有很大的變革。其中最大的變化應是取代聚醯亞胺，並具備 low Dk、low Df 的高頻軟板材料，及為了使單位空間能有更高密度的線路，線路會越來越細，線路形成的方式會由傳統的減層蝕刻線路法，改成半增層法（Semi-Additive Process；SAP），或是改良型半增層法（Modified Semi-Additive Process；MSAP），去製作更細線路的產品。

我們可以想像在未來的 5G 世代，各種型態的物聯網會大量地建立，這些物聯網需要很多的資料去建立大數據來做判斷，所以未來的軟板 技術應會有三大需求（圖 1.3）：

1. 伸縮的軟板：

　　因健康的理由，為了取得身體的資料，會用到很多穿戴式的產品。而穿戴式產品的感測器內，佈滿可以使人穿戴起來更舒適的連結線路，這會使用可伸縮式的軟板來應用。

2. 高頻、高精密度的軟板：

　　因應高速傳輸的裝置擴大使用，將大量使用更微小精密的線路與高頻高速傳輸連結的軟板。

3. 生物分解的軟板技術：

　　為了因應用後即丟的可撓性感測器（Flexable sensor）被大量消費的時代，及健康照顧用途，無線貼片（Patch）、機器與機器之間的資訊交流（Machine to Machine；M2M）、用於建築物及橋梁等感測器監控（Sensor monitoring）等的軟板會被大量使用。

　　在環境保護政策下，為了防止這些軟板無法處理，需開發可生物分解的軟板產品。這一部分的產品在未來會漸漸被重視。

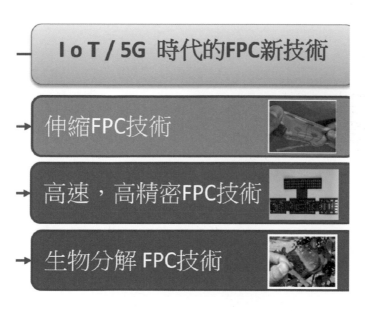

圖 1.3：IoT ／ 5G 時代的軟板新技術

接下來回顧一下軟板的使用歷史，及代表性的產品：

1-1 2000 年代以前的軟板

2000年代以前的軟板 主要是用在相機，和一些硬式，軟式磁碟機（圖 1.4），及印表機（圖 1.5）等產品，當時的電腦尚未普及化。

軟板 的製造商主要是日系供應商，軟性銅箔基板（Flexible-Copper-Clad-Laminate；FCCL）主要是三層有膠材，聚醯亞胺厚度約 1mil （25.4μm），銅是 1oz（35μm），表面處理是以錫鉛電鍍及印刷錫鉛錫膏（Solder paste）的方式在焊盤開口上（PAD），以在銅表面上生成錫鉛合金，層構造主要是單面板為主，和現在的產品來比較是相對簡單。

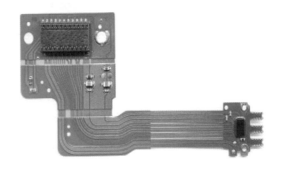

圖 1.4：硬式磁碟機（ HDD ） 用軟板

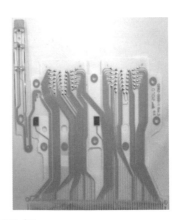

圖 1.5：印表機噴墨水用軟板

1-2 2000 手機年代的軟板

千禧年後，手機以功能機為主，NOKIA（圖 1.6），MOTOROLA（圖 1.7）

的各款手機皆極其熱賣，折疊式手機也佔有一席之地，同時桌上型電腦及筆記型電腦漸漸普及，小型傻瓜相機也在此時間出現。

圖 1.6：NOKIA 手機

圖 1.7：MOTOROLA 手機

軟板的製造商還是以日商為主，但是韓系及台系軟板的製造商慢慢於此期間建廠，台灣的設備及材料供應商因價格便宜，漸漸有競爭力。

軟板的式樣隨手機功能的增加，而由單面板變成雙面板，軟性銅箔基板也由三層有膠材變成二層無膠材，厚度主是 1/2mil-1/2oz-1/2mil。

用在顯示器（Display）上的小面積軟板開始出現，因折疊手機的需求，層疊構造由單面板變成雙面板，同時因筆記型電腦及折疊式手機在開闔（Hinge）部（圖 1.8）的需要，而有無膠裸空夾板設計（Air Gap）式樣的產品出現，以增加其折疊次數。

圖 1.8：手機及筆記型電腦開闔的位置

Air Gap 式樣（圖 1.9）

疊構：2~4 層（Sx2、Sx3、Sx4）

可設計 3layer 與 4Layer 的多層板
（但不可使用 SVH）

Pitch：（L/S）μm

- 內層 Layer 線路：40/40

- 外層 Layer 線路：'75/75

Min NC 孔徑：NC/Land：0.2/ 0.4（mm）

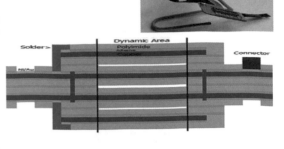

圖 1.9：Air Gap 應用

焊點部的式樣因環保的需要，開始禁止使用鉛，無鉛電鍍是過度性的產品，後來電鍍金式樣取代原先的無鉛電鍍，加上排線密度的增加，化學金電鍍（無電解金電鍍，Electroless Nickel Immersion Gold；ENIG）也於此期間出現。

因智慧型手機的出現，使軟板使用量大增，特別是 APPLE 手機。

在 2007 年時，手機產品佔軟板的用途約 32%（圖 1.10）。

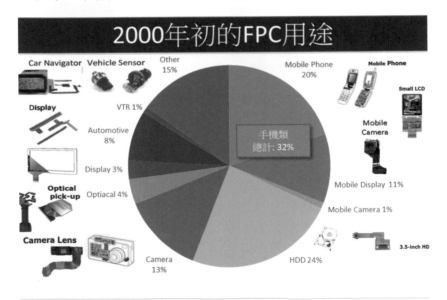

圖 1.10：2000 年初的軟板用途　　（來源：MEK）

到了 2019 年，智慧手機用的軟板已佔 53%（圖 1.11），軟式磁碟機及傻瓜相機的使用量相對大幅減少。

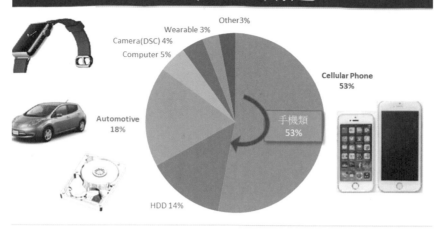

圖 1.11：2019 年的軟板用途　（來源：MEK）

　　智慧型手機的出現使得原先功能手機的製造商式微，同時智慧型手機每一台的使用軟板的數量，因隨新機的出現而逐年提升，例如：最初的 APPLE -iPhone 只用了 6 片軟板，現在 iPhone 已用到超過 20 片軟板，未來的用量只會更多，不會減少。

　　手機用（FPC）主要有面板傳輸用（LCM）、背光用（Light FPC）、觸控傳輸（Touch FPC）、主板連接使用（Main FPC）及電源 / 音量按鍵使用（Side FPC）等。

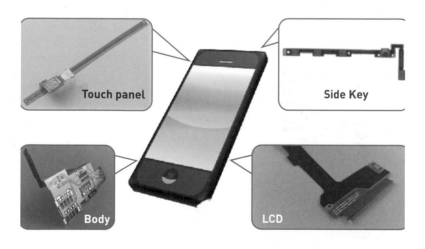

圖 1.12：手機用到軟板主要的功能

高階手機會運用更多的軟板來提高性能，如下 iPhone X 分解圖（圖 1.14），使用 19 個模組，內部使用軟板超過 20 片。

I Phone X

圖 1.13：iPhone X

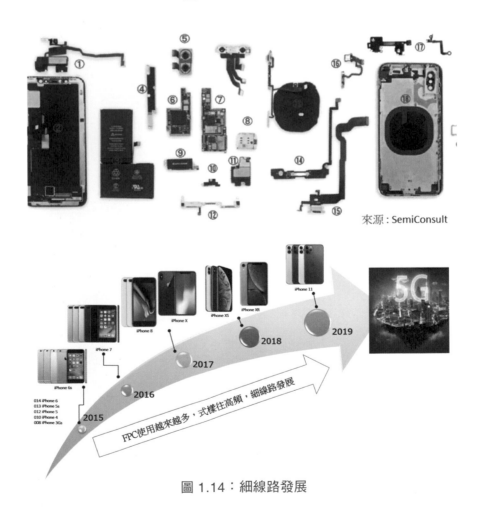

來源：SemiConsult

圖 1.14：細線路發展

5G 世代軟板高頻材料及微細線路製程簡介

因為手機的功能增加，傻瓜相機已被手機的相機取代，但高階相機（圖1.15／圖1.16），因軟板的可撓性還是使用很多的軟板。

圖1.15：Canon 相機

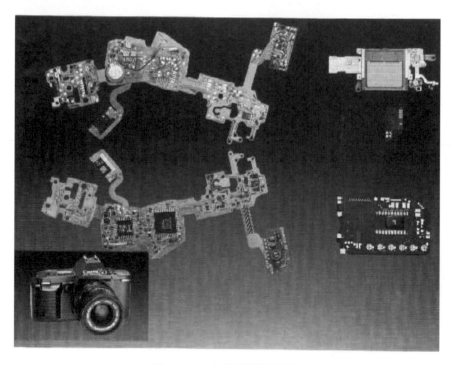

圖1.16：高階相機用軟板

到 2020 年前，軟板的材料還是以聚醯亞胺為主，製程和 50 年前的製程沒有太大的改變，只有以下的改變較明顯（圖1.17）

1. 捲對捲的導入。

2. 電射設備開始導入。

3. 自動檢查的設備開發出來。

但這些變化，還是僅止於創新，談不到大變革。

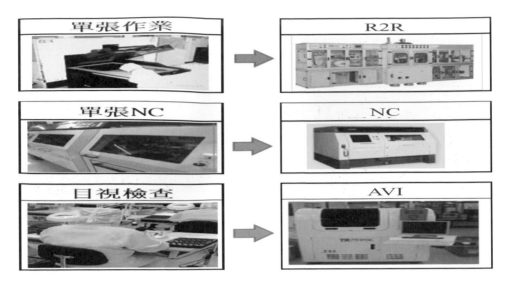

圖 1.17：軟板的變革

1-3 2020 5G 年代的軟板

2020 年代開始，5G 開始普及，相關的產品會因 5G 大量高速信號的傳遞，使很多新產品被開發出來。同時也有很多的產品會被取代，相對軟板也因會 5G 產品的需要，以往軟板使用 50 年不變的聚醯亞胺材料及製程也將會發生巨大的變化。因 5G 有下列的優點：

1. 超高速度，及高容量的信號傳輸。

2. 低遲延通信的實現。

3. 多數同時接續的量加大。

這些優點會使很多新產品因這些特性被開發出來，其中比較大的產品應是智慧型手機的功能會更強大，自動駕駛車的輔助駕駛系統被更多地開發應用，達到全面自動駕駛的目標。還有物聯網（IoT）也會有更多的運用，為了物聯網所需的大數據，會用很多的感測器（Sensor），人體上用在健康檢測用的感測器（Sensor）及相關穿戴式產品也會被開發出來，少子化及人口老化的問題，可以經由 AR、VR 等產品的開發以解決一些偏遠地區的醫療、教育問題。

圖 1.18：自駕車

圖 1.19：AR

圖 1.20：VR

圖 1.21：遠距教學

圖 1.22：遠距醫療（來源：網路）

在 5G 時代的產品，穿戴式的產品會越來越多，使用在服裝、鞋子及人體上，相對的可伸縮的軟板也會有所需求，材料不一定是聚醯亞胺。新材料的信賴性是一大考量，特別是相關的主動元件、被動元件如何焊接上去，因要使用在人體上，伸縮線路的需要，會在這期間出現。線路伸縮可以用奈米金屬運用印刷的方式去克服，線路印刷的對位技術，及線路的剝離強度又是另一要克服的課題。

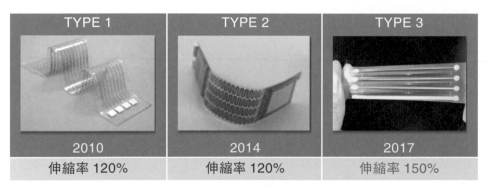
圖 1.23：各種伸縮材

對應 5G 的高速信號傳送，為減少信號損耗，一些高頻的材料會相繼被開發出來，因傳統聚醯亞胺材料的特性，已不適合用在高速傳輸的產品。目前主要的對應新材料是液晶高分子（Liquid Crystal Polymer；LCP）及改質聚亞醯胺（Modify PI；MPI）。

液晶高分子材料因相關製程及材料本身的特性，造成液晶高分子材料產品有信賴性的問題，特別是 Z 軸的熱膨脹係數與銅的熱膨脹係數相比高很多，經過冷熱衝擊後，很容易會在上下穿孔電鍍部位有微裂的問題（圖 1.24）。同時熔點高，現在軟板的設備需大幅變更為高溫壓著機，同時液晶高分子材料在高溫壓著下，液晶高分子材料材料會成液態，導體會在液態液晶高分子材料內移位而有線路短路的潛在危險。

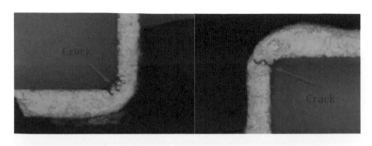

圖 1.24 液晶高分子材料產品經信賴性測試後產生微裂

　　另外液晶高分子材料的供應商少，目前以日系的材料供應商居多，材料的成本偏高，供應量也不足。相對改質聚醯亞胺信號損耗（Loss），因主材料還是聚醯亞胺，材料本身的吸濕性，在高速信號損耗的表現的較液晶高分子材料差。各材料供應商正積極地開發新的材料，以減少信號的損耗，同時須克服材料剝離強度不足的問題。現階段可以說是高頻材料的戰國時代，不同特性的高頻傳輸材料被開發出來，最後誰會勝出，可能還要一些時間來驗證。

表 1.1：各高頻傳輸材料特性表

Dielectric kinds	tan δ	loss ratio
PI	0.02	1
LCP	0.002	0.1 （about 1/10）
COP	0.00039	0.002 （about 1/50）
PTFE	0.00020	0.001 （about 1/100）

　　另外 5G 時代，因信號傳遞的快速，很多新的創新產品會被開發出來，2010 世代是智慧型手機的世代，2020 很有可能是後手機世代，一些穿戴式的產品，可能會將手機的功能取代掉。這些產品具有強大功能兼小型化的趨勢，在很小的空間內，放很多的功能進去，除了 IC 等部品小型化外，載板的多層及微細化也會是未來的一個趨勢，線路的製程由傳統的減層蝕刻法，邁向半增層細線路法（SAP），也會從 2020 世代開始大量應用。

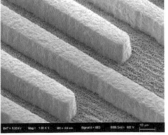

圖 1.25：SAP 加工法 L/S = 17 /13 μm

另一大課題是環保的課題。因 5G 世代，物聯網的普及，相對對大數據收集用所需要的一些感應器會隨處可見，另隨著高齡化所需的居家看護，一些一次性使用的醫療品也會在這一世代漸漸出現。傳統的載板材料，為追求產品的信賴性，通常是選用一些高分子，不易處理的材料，這些材料，後續的廢棄物處理是不容易，目前在廢棄後載板的處理是以燃燒的方式去進行，如果管理不佳這會產生如戴奧辛等的二次污染，所以要非常小心。

如何取代這些不易處理的高信賴性材料，同時又可兼顧後續的廢棄處理，不會造成環境污染的新材料，也很有可能在這一 2020 世代被開發使用。

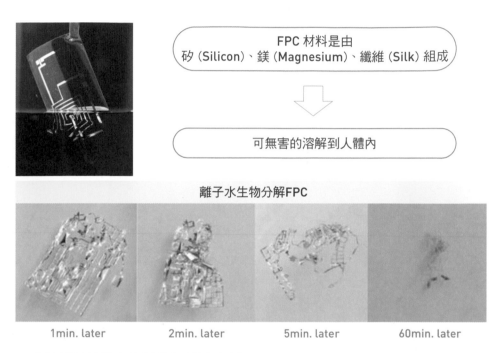

FPC 材料是由
矽 (Silicon)、鎂 (Magnesium)、纖維 (Silk) 組成

可無害的溶解到人體內

離子水生物分解FPC

1min. later　　　2min. later　　　5min. later　　　60min. later

圖 1.26：會溶解於離子水的新環保材料（來源：John Roger's Lab at University of Illinois）

筆者認為傳統的 50 年歷史的軟板製程中，在 2020 5G 世代，近期對軟板造成變化最大且會馬上遇到的挑戰是能對應高頻高速的低信號損失的材料，再來是為小型高密度化的微細線路半增層法的製程。

因為是很新的變化，很多人會對 5G 高頻材料的特性感到好奇，同時針對為何 5G 材料會需要使用高頻？頻寬多少？基地台是什麼？微細線路如何定義？微細半增層線路和傳統的蝕刻製程有何差別？本書會針對此種高頻材料及半增層微細線路製程（SAP）做一介紹。希望讀者能對這二樣新課題能有更清楚的認識。

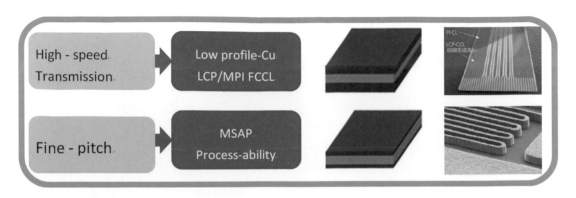

圖 1.27：高頻材料及細線路是 5G 世代軟板的大變革

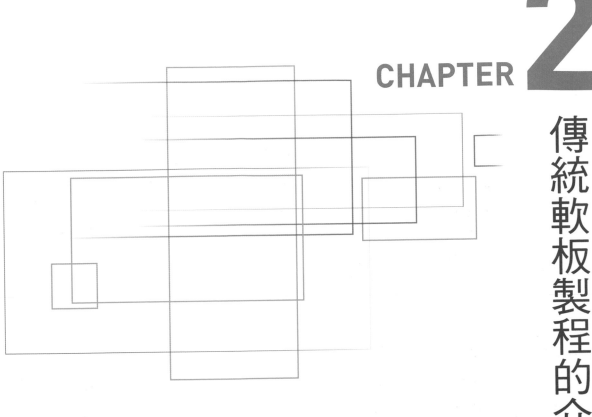

CHAPTER **2**

傳統軟板製程的介紹

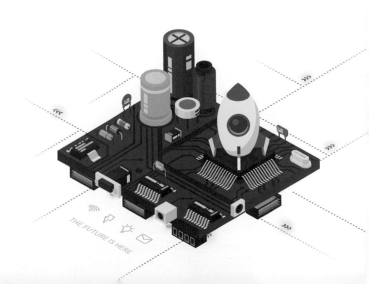

第二章 傳統軟板製程的介紹

　　傳統的軟板製程，在一般介紹軟板的專用書籍應有很多詳細的介紹，但為和微細線路的線路形成相比較微細線路的線路成型後製程和傳統的軟板製程是一樣的。所以我們花一章節簡單介紹一下現在的軟板製造流程。如果是軟板業界的專家，對軟板製程很熟悉的，這一章可先略過。

　　下圖（圖2.1）是傳統軟板的製程，接下去，我們會依序介紹。

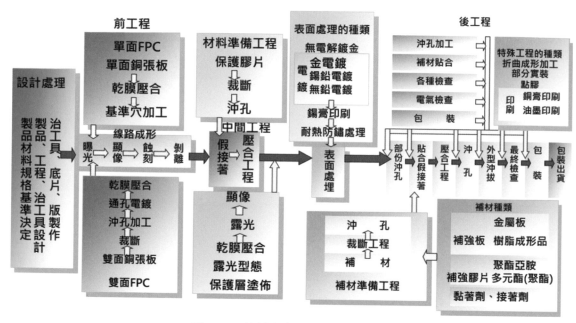

圖 2.1：傳統軟板的製程流程圖

2-1 軟板的單張製程

簡單來說軟板的製程應分成五大工程：

2-1-1 前端設計準備工程

2-1-2 線路形成工程

2-1-3 絕緣及表面處理工程

2-1-4 後段加工工程

2-1-5 表面貼焊工程（Surface Mount Technology；SMT）

2-1-1 前端設計準備工程

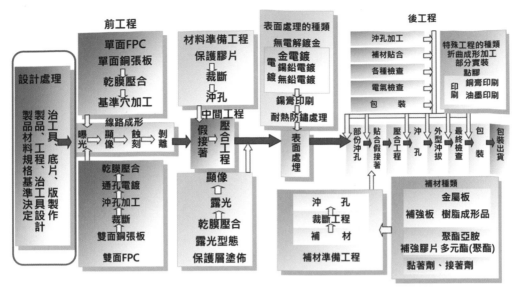

圖 2.2：製品設計處理

　　當收到客戶提供的圖面後，會先到設計部門進行產品設計及製程設計，這是決定產品品質及成本最重要的工程。

Step1：

　　會先依客戶製品的圖面所需要的製品厚度及式樣設計出單一製品，包含保護膠片，補強材料，及防電磁干擾膠片（Electro Magnetic Interference Film；EMI）等材料的設計。

表 2.1：目前常用的 FPC 選用材料表

材料	材質	結構	用途
Base Copper	RA （1/2mil，1mil）	Cu: 1oz，1/2oz，1/3oz，1/6oz	適用耐繞折
	ED （1/2mil，1mil）	Cu: 1oz，1/2oz，1/3oz，1/6oz	適用一般
Cover	PI	1mil，1/2mil	保護線路使用
	PSR （L-PSC）	橘漆 （露光型）	SMT area 使用 or 小開口
	SR （Cover Coat）	綠漆	Bending area 使用
Stiffener	PI	1mil，3mil，5mil，7mil，9ml	金手指 or SMT area 補強用
	SUS（導電 or 非導電）	50, 100, 150, 200, 250um…等	SMT area 補強用
	FR-4	100, 150, 200, 250, 30 um…等	SMT area 補強用
	AL	200, 300, 400, 500um …等	SMT area 補強用
EMI	Ag Shield	SF-PC5500，5600，6000…等	訊號遮蔽用
	Ag 膏	印刷用	訊號遮蔽用
PSA	非導電膠	TESA，3M 系列…等客戶指定材	機組貼合用
	導電膠	3M 系列…等客戶指定材	機組貼合用
SILK	油墨	白色 / 黑色	文字 or 對位線段 or 反光
點膠	Underfill	黑色	補強 FPC 與部品的接著強度
	Conformal Coating	透明	保護部品電級端防腐，絕緣

表 2.2：材料的標準式樣

銅材	PI	25μm（1 mil），12.5μm（1/2 mil）
	銅箔	35μm（1 oz），17.5μm（1/2 oz）
PI 材	25μm（1 mil），12.5μm（1/2 mil）	
表面處理	錫鉛（無鉛）電鍍，金電鍍，防鏽處理	

Step2：

　　接下去要進行單一製品在加工板面的排版，這是決定材料利用率的步驟，以及決定製品成本最重要的一步驟，排得太密，會造成加工不易，排得太鬆，則材料利用率低，造成成本的浪費。目前有一些套裝軟體可以協助設計工程師做比較好的排版。

　　亦可和客戶討論，產品的外型如果能做一些調整，使加工的板面可以放更多的產品，那產品的成本會大幅地下降。

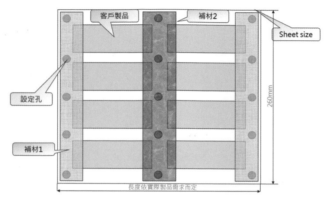

圖 2.3：依客戶 FPC 形狀與式樣的考量前提，進行最佳利用率排版。

如下差異比較：製品數量由 12 片提升到 18 片，排版利用率提升 4.8%（表 2.3）。

表 2.3：製品外型和材料利用率的關係

樣本 1		樣本 2	
板面尺寸	260 x 461 mm	板面尺寸	260 x 486 mm
製品數量	12 pcs	製品數量	16 pcs （+33.0%）
製品占有率	18.4 %	製品占有率	23.2 % （+ 4.8%）

Step3：

　　完成排版後，開始依客戶的規格進行材料的選用。這一步驟要注意材料信賴性的考量及材料成本。例如銅材選用有電解銅（ED）、改良型電解銅（HTEED）、壓延銅（RA）高延展壓延銅（HA）。HA 銅單價最貴，ED 銅單價最便宜，如果產品不考量翹曲，可以考量選 ED 銅。

表 2.4：耐撓曲能力：HA ＞＞ RA ＞ HTE ED ＞＞ ED

單位	ED	HTE ED	RA	HA
銅箔結晶				
FIB-SIM 圖片				

　　軟性銅箔基板（FCCL）分成三層板及雙層板二種（圖 2.4/ 圖 2.5）藉由接著劑（Adhesive）將銅箔與聚醯亞胺膜（Polyimide Film；PI）膜貼合在一起稱三層材；沒有接著劑無膠式樣的稱雙層材，現階段以雙層材為主流。

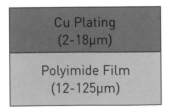

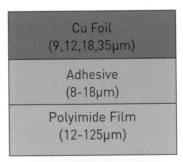

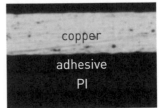

圖 2.4：雙層材（無接著劑）　　　圖 2.5：三層材（有接著劑）

表 2.5：雙層板及三層板的優劣分析

材料	厚度選擇	耐熱性	耐彎折性	絕緣性	耐化性	加工性	價格	接著強度（JIS）	耐折性（JIS）
							優：◎ 良：○ 可：△		
2 Layer FCCL	◎	◎	◎	◎	◎	○	△	0.6 Kg/cm 以上	100 Cycles 以上 （不含保護）
3 Layer FCCL	○	○	○	◎	○	○	◎	0.4 Kg/cm 以上	60 Cycles 以上 （不含保護）

　　軟板需求愈來愈輕薄，線寬愈來愈細，孔徑也同步縮小，使用的銅箔基板也由有膠式三層材逐漸轉往無膠式 2 層材。無膠式銅箔基板具有優異的熱性質、機械性質、電氣性質、化學性質及加工性質，最重要的是它可以克服環氧樹脂及壓克力樹脂系在耐熱性及耐彎曲性不佳的缺點。

　　雙層無膠材的特性相對優於三層有膠材，但三層無膠材因製程簡單，成本相對便宜。

Step4：

　　接下來進行工程設計，步驟請參考下面的流程圖（圖 2.6）。首先設計工程師會依照圖面上的要求決定選用的工程及設備，設計工程師要考量該設備的製程能力及生產能力，如產品預計生產的計劃量比單一治具或設備生產能力高，要通知相關人員進行治具或是設備的增加。

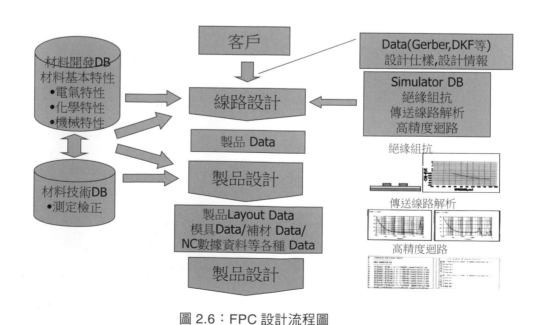

圖 2.6：FPC 設計流程圖

下圖（圖 2.7）是客戶來的電氣迴路圖，須依電氣圖做成產品的線路圖，同時須請電測治具的廠商進行電測治具的製作。

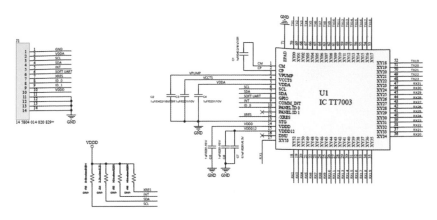

圖 2.7：電氣迴路圖

Step5：

　　進行曝光底片、模治工具、印刷網板、貼合治具、電測治具等加工治工具的設計及準備，設計工程師須將完成的模治具加工圖及品質規格送到生產模治具工廠，進行模治具的製作。模治具工廠依設計指示決定模治具的材質，進行模治具的加工。這要考量客戶要求的精度及產品的材質，決定用何種模治具，如聚對苯二甲酸（PET）光罩、玻璃光罩，或是用電射曝光設備，這皆會影響到產品的成本及精度。

Step6：

　　設計檢圖確認，這一部份，各廠商有各廠商自己的特別方法，及一些檢圖軟體及點檢表來避免設計錯誤的發生。

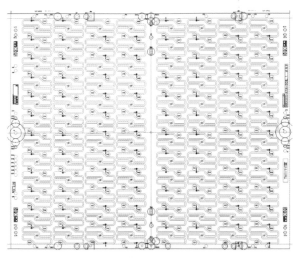

圖 2.8：完整的設計 Layout 圖

設計部門的工作大略進行到此，就可將資料及圖面輸出給各相關採購，製造部門進行相關材料、治工具、包裝盒的準備，等這些生產工具到齊，即可送到試作部門，進行製品的試作，確認設計的製品及加工條件有沒有問題，同時可以預估良率進行製程改善。

2-1-2 線路形成工程

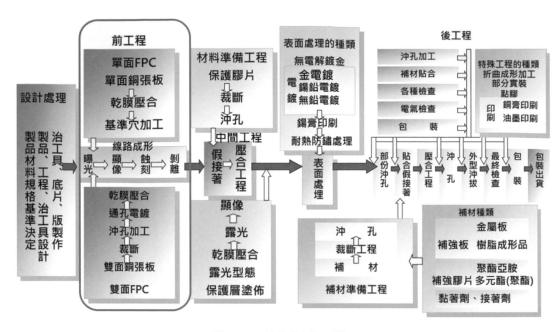

圖 2.9：線路形成工程

線路形成工程簡單步驟說明，因單面板無須度鍍穿孔製程，故單面板製程由線路成形工程開始。

A. 鍍穿孔工程通孔工程

Step1：通孔加工

Step2：導電化加工

Step3：銅電加工

B. 線路成形工程

Step1：乾膜壓合工程

Step2：底片曝光工程

Step3：蝕刻工程（顯像→蝕刻→剝離）

A. 鍍穿孔通孔工程

Step1. 數值控制（XIC）通孔工程：

　　因雙面板上下線路要導通，在加工開始，需先將要導通的位置先用 NC 工具機鑽孔。近期因要求孔徑變小，有些用雷射加工機進行穿孔。

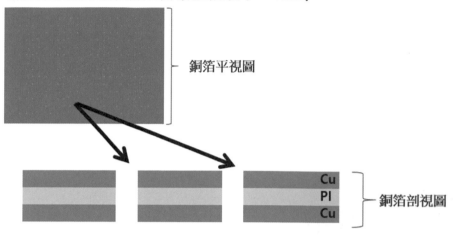

圖 2.10：NC 通孔工程

圖 2.11：NC 加工機台

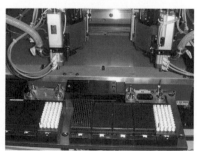
圖 2.12：NC 加工機台內部

NC 鑽孔完畢必須要確認鑽孔品質，先要確認位置精度及孔數的正確性，確認所有孔穴都在 50μm 的精度內。

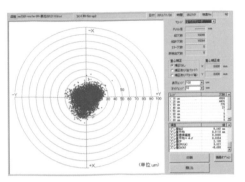

圖 2.13：超高速孔位量測機（來源：牧德科技）

　　孔穴品質，顯微鏡確認是否有毛邊，如果產品很容易產生毛邊如：多層板，那會在鑽孔（NC）加工後加上化學除膠渣工程或是用電漿（Plasma）處理，以確保孔穴的乾淨。

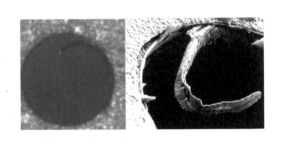

圖 2.14：良品，孔璧反光 & 無殘膠　　　圖 2.15：不良品，孔璧無反光 & 有殘膠

切片確認：

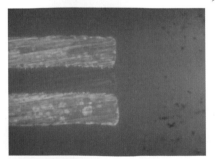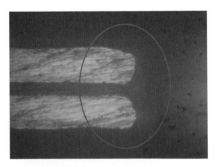

圖 2.16：無毛邊良品　　　　　圖 2.17：毛邊不良

Step2. 導電化工程：

　　銅能導電但中間的聚醯亞胺層不能導電，此時要想辦法使聚醯亞胺層能導電，將上下層的銅能形成通路，現在一般會先用黑孔或是化學銅法在孔內聚醯亞胺層鍍上很薄的導電物質，通常是奈米等級的導電物質，再利用銅電鍍的方式將上下層的銅經由這些有鍍上導電物質的 NC 孔而能導通。

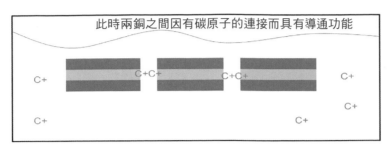

圖 2.18：導電化離子附著示意圖

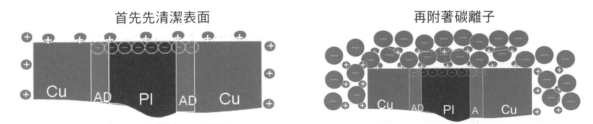

圖 2.19：PI 層附上導電材的示意圖

　　這些導電物質除了附著於聚醯亞胺上，也會附著於銅表面上，在上完黑孔，還會有一道微蝕製程去咬掉附著於銅表面上的導電物質，只留附著在聚醯亞胺上的導電物質，微蝕會使孔內銅內縮而和聚醯亞胺有一些段差。我們稱蝕刻後退量（Etching Back）（圖2.20），去除銅上碳粉的孔內咬銅退回部位 (Etching Back) 的聚醯亞胺上，並沒有導電物質，如蝕刻後退量量太大會使通孔不完整，而影響通孔電鍍的信賴性。

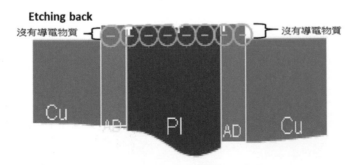

圖 2.20：Etching Back（蝕刻後退量）示意圖

圖 2.21：黑孔設備

Step3. 銅電鍍工程：

利用電解反應將銅離子電鍍在聚醯亞胺及銅表面上，以導通上下的導通孔。

軟板是陰極，陽極舊的製程是用銅球，但是銅球溶解到最後會造成極小的銅異物，由陽極袋中流出。新的製程會用的不溶解陽極法，直接加入液體的銅離子，減少銅異物不良的發生。

陰極反應　　（Cu^{2+}）＋2（e^-）＝銅（Cu）
陽極反應　　銅（Cu）－2（e^-）＝銅離子（Cu^{2+}）

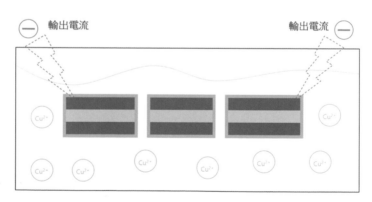

圖 2.22：銅電鍍槽體示意圖

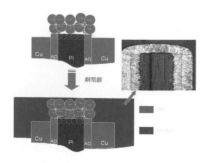

圖 2.23：銅電鍍示意圖

圖 2.24：電鍍畢 NC 孔切片圖

5G 世代軟板高頻材料及微細線路製程簡介

圖 2.25：連續自動銅電鍍線

圖 2.26：手動單張銅電鍍線

B 線路成形工程：

　　利用光阻劑乾膜的化學反應，與底片搭配，將曝光機的紫外線光將覆蓋在底片上的乾膜進行曝光化學反應後，經過紫外線光反應與未反應的乾膜形成線路形狀，再將未反應的乾膜顯像出來。顯像後的乾膜會讓銅箔露出。露出的銅箔用蝕刻藥液咬蝕掉後，殘留下來的就是銅線路。再將反應後覆蓋在線路上的乾膜剝離掉後，即完成線路成形工程。

　　曝光線路工程須在無塵室內進行，其潔淨度要求在無塵度等級 1000 以下。

Step1. 貼曝光乾膜：

　　利用熱滾軸，將乾膜完整的貼壓在銅箔上。這工程要注意不能有氣泡產生，也不能壓進件何其他異物，壓著滾軸的表面狀況也要保持很完整，因為要進入無塵室，進入的材料包含乾膜，及銅材包裝材，作業台車的清潔度要注意，另有一種濕式乾膜，這會在後續的章節中介紹。

圖 2.27：乾膜貼合示意圖

圖 2.28：乾膜壓合機

Step2. 曝光工程：

　　將底片（曝光光罩）（圖 2.29）覆蓋在乾膜上利用紫外線光進行乾膜反應。底片型態，因精度的不同會有聚對苯二甲酸（PET）材質及玻璃材質二種。

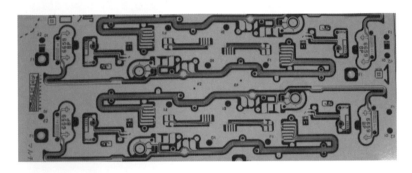

圖 2.29：曝光底片

　　利用曝光機台在底上開口透過紫外線光進行曝光，曝光機有平行光曝光機，點光源曝光機，最新的是雷射曝光機（LDI，Laser direct imaging），不需底片。

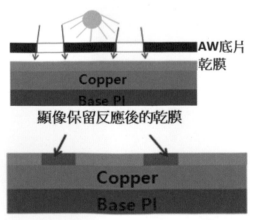

圖 2.30：曝光工程示意圖

5G 世代軟板高頻材料及微細線路製程簡介

捲對捲雙列式曝光機

圖 2.31：捲對捲雙列式曝光機（來源：群翊工業目錄）

Step3. 蝕刻工程：

蝕刻工程由三道製程串接起來，①顯像→②蝕刻→③剝離

①顯像：

利用弱鹼（NA_2CO_3）將未反應的乾膜去除，露出需要被蝕刻的銅面（圖 2.31）。

露出銅

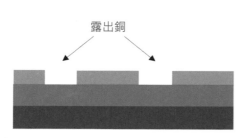
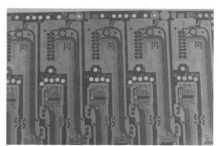

圖 2.32：顯像工程示意圖

②蝕刻：

蝕刻是利用氯化銅和鹽酸進行咬銅的氧化還原反應，銅蝕刻化學反應式如下：

$Cu+CuCl_2 \rightarrow 2CuCl$

$2CuCl+2HCl \rightarrow 2CuCl_2+2H_2O$

蝕刻

Base PI

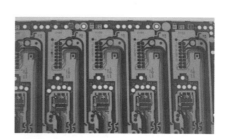

圖 2.33：蝕刻工程示意圖

現行蝕刻機的藥液管理皆已自動化，這些自動化所需的感應器及計算控制儀器，要定期進行點檢。而台灣設備製造商的製作蝕刻機製作能力良好，故無須購買日本或是其他外國的設備。

因整個化學反應皆會有銅被蝕刻掉，再和氯化銅反應後與 HCl 還原成 2 倍的氯化銅廢液，所以要定時請廢棄物處理公司回收氯化銅廢液。

③乾膜剝離：

利用強鹼（NaOH）將反應後覆蓋在銅線路上的乾膜剝離掉完成線路成形。

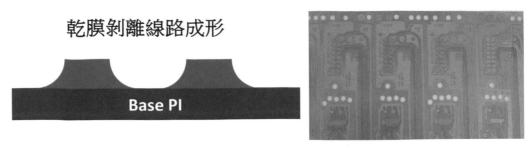

圖 2.34：乾膜剝離線路成形示意圖

蝕刻法因線路和蝕刻藥液接觸的時間不同會有蝕刻梯度，需進行蝕刻梯度的管理（圖 2.35）。導體梯度計算式：

（Etching Factor）Fe ＝（2 x 銅厚）／│下底寬幅 - 上底寬幅│>3

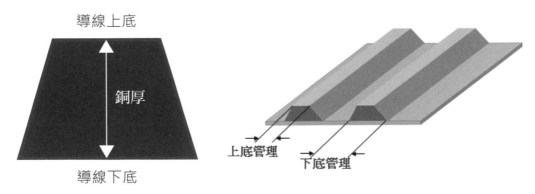

圖 2.35：蝕刻梯度示意圖

2-1-3 絕緣及表面處理工程（快壓製程）

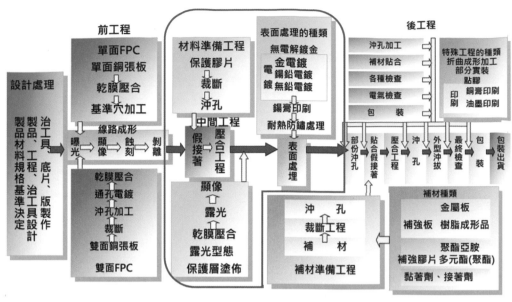

圖 2.36：絕緣及表面處理製程

原理是將上下保護膠片貼合在銅箔基板上。流程如下：

Step1. 保護膠片準備　　　Step2. 假接著工程　　　Step3. 本接著工程
Step4. 熟化工程　　　　　Step5. 表面處理工程

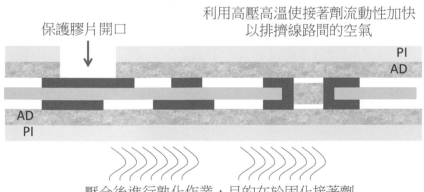

圖 2.37：保護膠片壓合原理

Step1. 保護膠片準備工程：

通常是以聚醯亞胺（Polyimide；PI）作為保護膠片的材料，將聚醯亞胺保護膠片進行沖孔工程。

由於是模具裁切開口（圖 2.38），會有開口能力在最小量 0.4mm 以上的限制。近期也有利用雷射進行保護膠片開口的加工，只是在開口的邊緣會有碳化的現象，基本上只要雷射條件調整好，這些黑碳並沒有太大的信賴性問題。但因雷射加工的成本偏高，比較適合用於小量的產品，節省開模的費用。

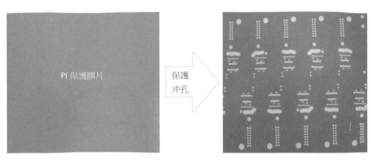

圖 2.38：保護膠片加工前後樣本

Step2. 假接著工程：

　　將保護膠片定位放在蝕刻後的銅箔基材上，再以低溫去進行暫時性的保護膠片和線路銅箔貼合，主要目的是定位用，但是因這工程極有可能會有異物在作業中被貼合進保護膠片和銅箔層中（圖 2.39），形成異物不良的風險，所以本工程的清潔度管理很重要。

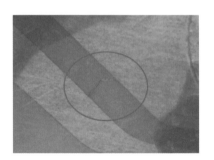

圖 2.39：保膠異物樣本圖

　　因假接著工程各家製作方法不一，可利用定位銷加溫加壓對位。有些廠商會利用熨斗進行加熱，最新的方式為使用視覺定位方式的自動保護貼合機（圖 2.41）。

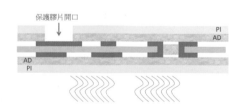

圖 2.40：假接著示意圖

圖 2.41：自動定位保護貼合機

Step3. 本接著工程：

　　利用高壓高溫使保護膠片中的接著劑流動性加快，足以排出線路間的空氣，完成壓著工程（圖 2.43）。此工程重點在於保膠、銅箔線路層是否殘留氣泡，以及注意接著劑溢出的狀況（圖 2.44），如果溢出太嚴重，需要用阻膠的材料如聚甲基戊烯聚合物（TPX），來阻隔膠溢出。壓著的設備有傳統的 150 噸型壓著機一般的快壓機（圖 2.45），以及真空快壓機。

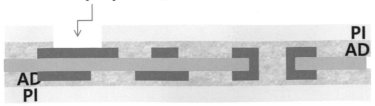

圖 2.42：保護膠片壓著示意圖

圖 2.43：保護膠片壓著完畢樣本

圖 2.44：真空壓著機

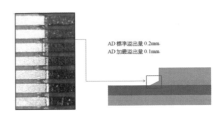

圖 2.45：接著劑溢出圖

Step4. 熟化工程：

　　熟化工程適用在於快壓機，由於接著劑含有大量的有機溶劑，故需要在壓合後進行熟化作業（圖 2.46），目的在於揮發接著劑內的有機溶劑，並讓接著劑塑化。

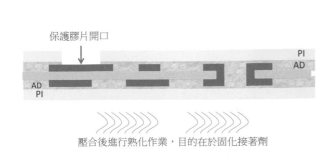

圖 2.46：熟化示意圖

圖 2.47：熟化機

防焊材料除了聚醯亞胺外，近來因為開口變小、精度要求提高，許多產品改印防焊綠漆當絕緣材料（圖 2.48）。當要求保護膠片開口小於 0.4mm 的模具開口能力時，需要使用曝光型的防焊綠漆（Photo Image Coating；PIC）的材料，或是有些產品要特別軟，會用防焊油墨直接印刷，更進步有的膠片式的感光型聚醯亞胺（Photo Sensitive PI；PSPI）這種用曝光型的聚醯亞胺當保護防焊材，現在很多廠商正在開發中，如果未來需求量大，價格具有競爭力，將會是一項很有潛力的產品。

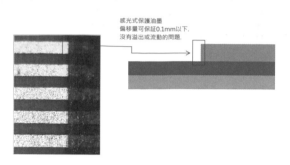

圖 2.48：防焊油墨的樣本

Step5 表面處理工程：

主要是依所需保護開口位置進行客戶需要的焊點表面狀況進行加工。如果只是單純進行表面黏著，並想降低成本，建議選用 OSP（Organic Solderability Preservatives）；若對打件品質要求較高，有異方性導電膠（ACF）壓接要求的就會建議進行電鍍金。而無法接電鍍導通線的，建議用無電解金（ENIG）。做打線接合（Wire Bonding）的，建議無電解鎳鈀金（ENEPIG）；金手指部要進行長時間的插接，建議使用硬金。

不管是哪種表面處理的選擇，電鍍是很單純的氧化還原反應，只要銅表面乾淨，電鍍基本上是不會有問題的，銅露氧化、色差等問題，發生源全是在前面製程所引起，而在電鍍製程中被發現。

為使銅表面乾淨，一定會在電鍍前加表面酸洗清潔處理及脫脂等清潔工程，但電鍍前的清潔製程是很難將接著劑去除，有些廠商會另行使用電漿處理，這也是一種很好的清潔方式，特別是對防焊油墨類的不良特別有效。

圖 2.49：金電鍍處理　　　圖 2.50：防鏽 OSP 處理

電鍍金原理是利用電鍍原理將鎳與金鍍於開口的位置上，因為金和銅之間的接合力差，且金價成本高，所以鍍金工程，通常會在銅表面上先鍍鎳，再鍍上金。

電鍍鎳反應的化學式：

陰極（鍍件）：

$M^{2+}_{(aq)} + 2e^- \rightarrow M_{(s)}$ （主反應）

$2H_3O^+_{(aq)} + 2e^- \rightarrow H_{2(g)} + 2H_2O_{(l)}$ （副反應）

陽極（鎳板）：

$Ni_{(s)} \rightarrow Ni^{2+}_{(aq)} + 2e^-$ （主反應）

$6H_2O_{(l)} \rightarrow O_{2(g)} + 4H_3O^+_{(aq)} + 4e^-$ （副反應）

電鍍金反應化學式：

陰極（鍍件）：

$Au(CN)_2 \rightarrow K^+ + Au(CN)_2^-$

$Au(CN)^- \rightarrow Au^+ + 2CN^-$

$Au^+ + e^- \rightarrow Au$

陽極（鈦陽極）：

Ti 鈦板是假陽極，主要是鍍槽中 Au^+ 直接吸附（$KAuCN_2$ 金鹽溶解產生的 Au^+）。

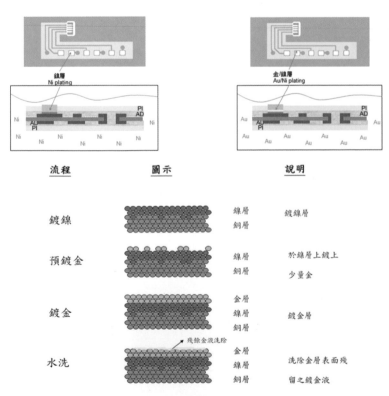

圖 2.51：電解鍍鎳金的流程示意圖

圖 2.52：鍍金線

　　除了電鍍金外因為有些製品無法拉電鍍用的導電線，或是避免外型裁切到導電線路，產生金屬毛屑，所以會選用無電解電鍍。

無電解鍍鎳的反應原理：

$[H_2PO_2]$ - + H_2O <Cat 觸媒 >

H^+ + $[HPO_3]^{2-}$ + 2H+ （Cat）（主反應）

Ni^{2+} + $2H^+$ （Cat） à

Ni + $2H^+$ （主反應）

$[H_2PO_2]^-$ + H （Cat） à

H_2O + OH^- + P （副反應）

$[H_2PO_2]^-$ + H_2O <Cat 觸媒 >

H^+ + $[HPO_3]^{2-}$ + H_2 （副反應）

無電解鍍金的反應原理電：

（1）Ni → Ni^+ + $2e^-$

（2）Au（CN）$^{2-}$ + e^- → Au + $2CN^-$

　　因為 Ni 溶解產生電子的置換反應而形成金的皮膜。

無電解金流程	圖示	說明

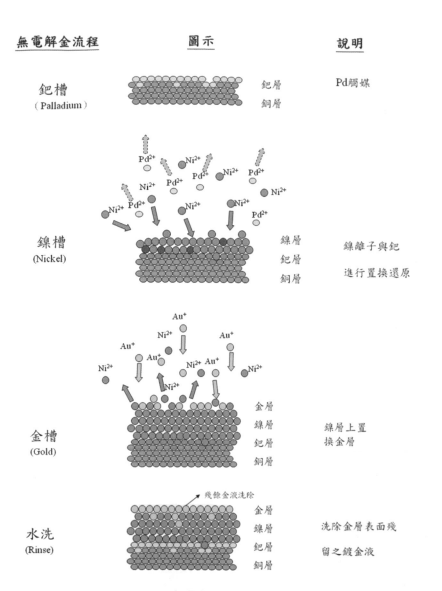

鈀槽
(Palladium)　鈀層／銅層　Pd觸媒

鎳槽
(Nickel)　鎳層／鈀層／銅層　鎳離子與鈀進行置換還原

金槽
(Gold)　金層／鎳層／鈀層／銅層　鎳層上置換金層

水洗
(Rinse)　金層／鎳層／鈀層／銅層　洗除金層表面殘留之鍍金液

圖 2.53：無電解鍍金流程示意圖

圖 2.54：無電解鍍金設備

2-1-4 後段加工工程

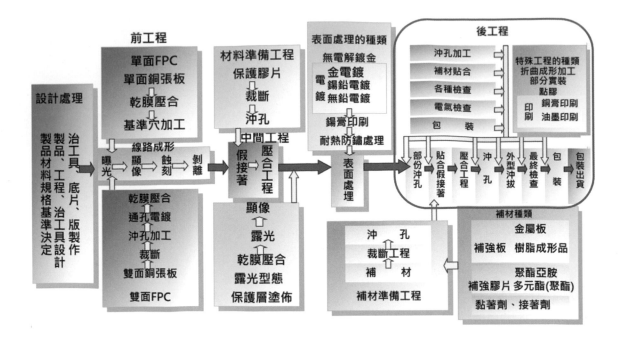

圖 2.55：後段加工工程流程圖

　　主要目在完成客戶圖面要求的產品外型。由於製品全是客製化產品，製程與模治工具大多不會共用。後段工程大致流程如下：

Step1. 孔加工工程

Step2. 線路斷線 / 短路電測工程

Step3. 補材貼合工程

Step4. 外型加工工程

Step5. 外觀檢查工程

Step6. 包裝工程

Step1. 孔加工工程：

　　對於一些寸法精度要求較高的位置，會用高精度的模具先行沖孔加工（Punching），目前也有用光學自動對位（CCD）再加工以利確保精度。

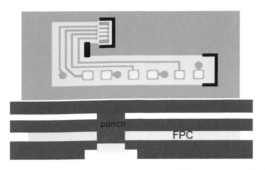

圖 2.56：穴孔加工

沖床機機台如下，依照沖削面積與精度選擇適用機台及模具。

圖 2.57：小型快速加工機台

圖 2.58：35 噸大型加工機　　　　圖 2.59：使用的模具

Step2. 線路電測工程：

必須 100% 確保線路無斷線（Open）、短路（Short）、絕緣異常必須，使用電測主機與治具進行線路導通的測試。

① 傳統探針式：

會利用專用治具探針連接 FPC 進行阻抗量測並判斷。

測試方式是通過兩支測量針接觸圖形，測定兩點間的阻抗以確認導通與否。

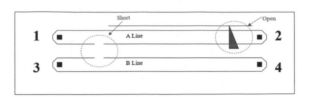

圖 2.60：線路 Open /Short 電測示意圖

以圖 2.60 為例，為確認 A 線路的導通，將測量針接觸 1 和 2，確認 A 線路的導通。若為確認不同線路間（A Line 和 B Line）的非導通，需將測量針接觸 1 和 3，確認它們之間的非導通。

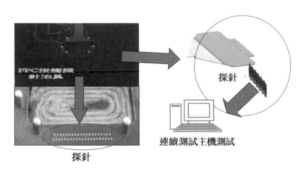

圖 2.61：電測探針樣本

如圖 2.62 測試主機，是利用內部程序進行快速測試，讓電腦判斷 OK/NG。

圖 2.62：線路電測作業

② 飛針電測：

　　一些精密度高的製品，並無法用傳統的探針去進行電測，需利用飛針測試機台進行測點測試。測試方法是直接利用兩根飛針取代傳統式探針，依照點位進行量測。但飛針測試探針成本較高，且會拉長測試時間。

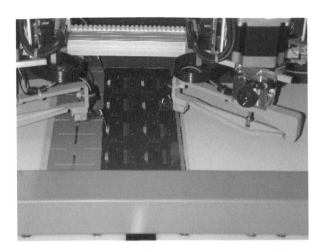
圖 2.63：飛針電測

　　飛針依照程序接觸探點進行快速量測測試。

圖 2.64：飛針

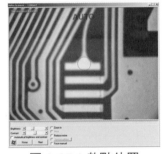
圖 2.65：絮點位置

Step3. 補強貼合工程：

　　貼補強膠片會針對客戶在機構設計式樣的需求，進行局部的補強膠片貼合。例如為防止表面黏著時元件因軟板的折曲因素造成表面黏著錫裂，會在打件位置的下方加上補強材料防止折彎而產生不良。

　　補強的材料有玻璃纖維板（FR4）、聚醯亞胺補強膠片、金屬補強板等。

　　首先進行補材的材料準備，部分補材，如金屬補強材，需要外購，接下去的製程，和保護膠片的貼合很類似。利用沖床機將補材成形完成材料準備。

 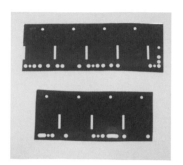

圖 2.66：補強材加工機　　　　圖 2.67：補材準備完成

補材假貼合工程：利用假接著貼合機進行材料貼合。

圖 2.68：假接著貼合機　　　　圖 2.69：貼合畢

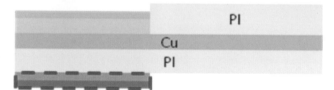

圖 2.70：補強膠片貼合示意圖

補材本壓著工程：補材貼合完畢的製品利用壓著機進行高溫高壓接著作業，讓補材與製品完全密合。

圖 2.71：壓著機　　　　圖 2.72：壓著作業

補強熟化工程：補強膠片壓合後再進行高溫熟化作業，目的在於固化補強膠片的接著劑。熟化放置需考慮溫度分佈均勻。

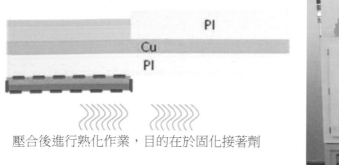

圖 2.73：補強材熟化示意圖　　　　圖 2.74：補強材熟化機

Step4. 外形沖模工程：

利用刀模模具將一張排版的製品與殘屑裁切脫離而形成單片製品形狀，通常是以刀刃裁切模具進行加工。。

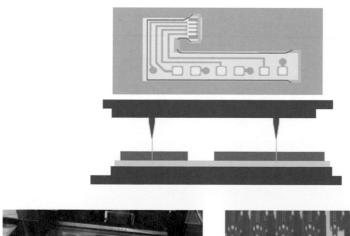

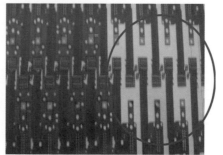

圖 2.75：外型加工示意圖

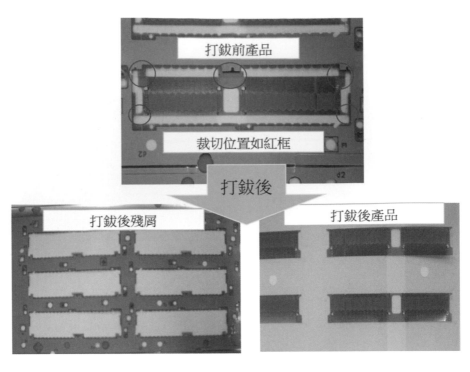

圖 2.76：外型加工前後製品樣本

Step5. 外觀檢查工程：

圖 2.77：依照客戶外觀檢查規格進行檢查，通常是作業員用顯微鏡或目視進行製品的外觀檢查，同時將不良品挑出。

Step6. 包裝出貨：

依照包裝式樣，進行包裝出貨。包裝方式使用下列幾種方式：

① 低黏著出貨：將製品黏貼在低黏著上出貨，可節省出貨空間，保護製品。

② 包裝盒出貨：將製品裝在包裝盒空槽內，保護製品不容易受外力損壞，成本最高。

③ 微連結連板出貨：主要是讓表面黏著作業容易，類似半成品出貨，包裝成本低。

5G 世代軟板高頻材料及微細線路製程簡介

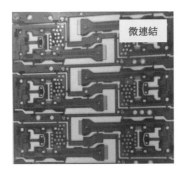

圖 2.78：各種包裝出貨的樣本

2-1-5 表面黏著工程

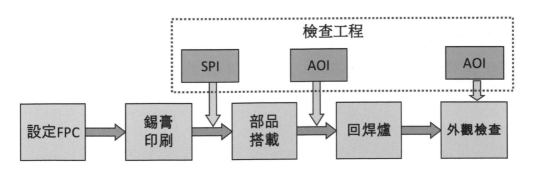

圖 2.79：表面黏著工程

主要目的在部品零件利用搭載機裝設在 FPC 上。近來客戶要求精度與品質越來越高，所以檢查確認的工程越來越多。製程大致流程如下：

Step1. 追溯系統的構築

Step2. 預熱乾燥工程

Step3. 軟板製品設定

Step4. 錫膏印刷與檢查（SPI，Solder Paste Inspection）

Step5. 表面黏著搭載工程

Step6. 過迴焊爐與檢查（AOI，Automated Optical Inspection）

Step7. 點膠工程

Step8. 元件功能電氣檢查

Step9. 最終外型加工

Step10. 外觀檢查

Step11. 包裝出貨

Step1. 追溯系統的構築 ：

　　依照各家機台自動化與系統結合，貼上條碼，用於表面黏著系統追溯與機台使用。便可提供製品整張（Panel），及單片相關製造品質的情報。

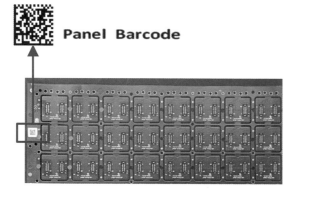

圖 2.80：Panel Barcode 樣本

圖 2.81：Pcs Barcode 樣本

Step2. 預熱乾燥工程：

　　軟板於普通室溫環境中會吸濕，故於表面黏著高溫作業前，軟板需進行預備乾燥，以避免因迴焊爐的高溫造成保護膠片內的濕氣膨脹產生發泡的異常。

　　由於軟板吸濕能力高，乾燥後的製品如果沒有在 3~4 小時內完成迴流焊接爐作業（Reflow），必須重新乾燥。

圖 2.82：預熱乾燥工程

Step3. 軟板製品設定：

　　軟板為可撓曲性電路板，故無法直接於表面黏著作業，需設定於硬質承載板作業。

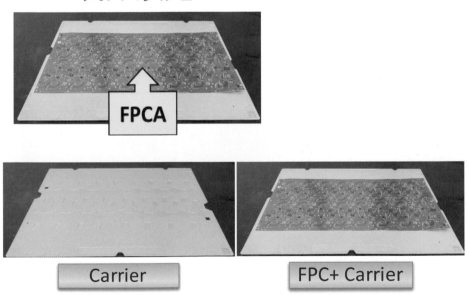

圖 2.83：FPC 過 Reflow 的承載板

Step4. 錫膏印刷與檢測：

　　表面黏著部品搭載於製品表面，需以粘性膏狀物（錫膏）固定，並於迴焊爐後將部品與焊墊焊接。

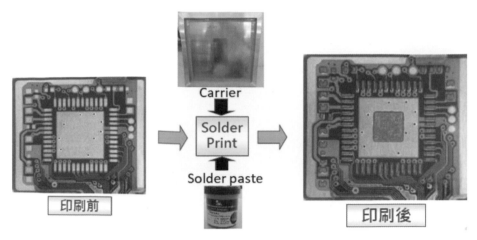

圖 2.84：進行錫膏印刷作業前後樣本

為確保錫膏量的正確，會使用錫膏量自動檢查機（Solder Paste Inspection；SPI）去量測每個焊點的錫膏量，如太多太少，即會被檢查機檢查出來。

Step5. 表面黏著搭載工程：

搭載機由軟板排版上的辨識點對位後，修正與定義搭載座標。搭載機上的吸嘴取出元件後，經影像辨識系統讀取後將元件搭載於程式設定之座標上。

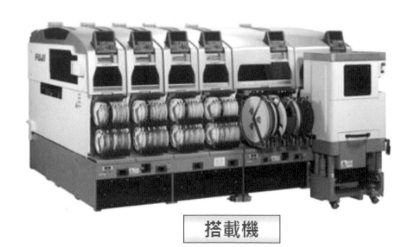

圖 2.85：零件搭載機

在零件搭載後，為確保搭載位置與元件是否正確，於進迴焊爐之前，會用 AOI 進行第一回的檢查，檢查項目包含印刷位置及印刷錫膏的量。

Step6. 過迴焊爐（Reflow）與自動光學檢測（AOI）：

利用迴焊爐高溫將錫膏與元件熔融固化。

第一回自動化光學檢查工程後，會進入迴焊爐（Reflow），將錫高溫熔融和電解鋅形成共價合金，將元件和軟板線路導通。

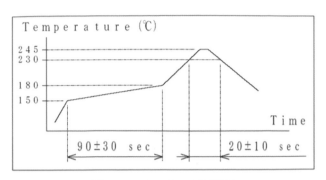

圖 2.86：Reflow 升溫圖

經迴焊爐後以自動化光學檢測進行第二回檢查，檢查元件搭載位置，將偏移、未吃錫等異常檢出，詳細檢查項目可參考表 2.6。

表 2.6：區分爐前 AOI 與爐後 AOI 檢查

爐前 AOI 檢測項目			爐後 AOI 檢測項目		
1. 缺件	5. 旋轉		1. 缺件	5. 旋轉	9. 錫多
2. 反裝	6. 側立		2. 反裝	6. 側立	10. 錫少
3. 偏移	7. 極反		3. 偏移	7. 極反	
4. 立碑			4. 立碑	8. 短路	

圖 2.87：AOI 設備

表 2.7：AOI 檢查 Pass 及 Fail 樣本

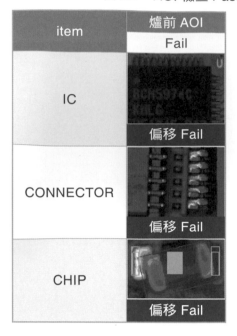

item	爐前 AOI Fail	爐後 AOI NG/OK
IC		
	偏移 Fail	偏移 Fail
CONNECTOR		迴銲爐
	偏移 Fail	OK
CHIP		
	偏移 Fail	OK

　　在爐後自動化光學檢查後會再進行一回外觀目視檢查，依照不同產品檢查標準進行檢查，以檢出自動化光學檢查項目以外的一些不良。

圖 2.88：5 倍放大鏡檢查

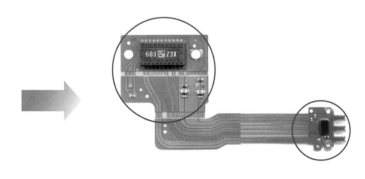

圖 2.89：檢查實裝區域

Step7. 點膠製程：

　　有些產品為使零件的貼合強度更大，或是防水的需求，會在零件的焊腳部位進行點膠作業。可區分為底層點膠（Underfilll）與包覆點膠（Conformal Coating）兩種點膠方案，膠水依客戶需求進行選用。

表 2.8：二種膠工程的差異

膠材種類名稱	Underfill（UF）	Conformal Coating（CC）
材料顏色	黑色	透明色
點膠示意圖		
點膠製品圖		
固化方式	熱固型	UV 固化型
主要用途	有效的提高焊接強度	保護產品具絕緣性及防潮性
	增加製品可靠性	適用於一般零件的外部包覆

點膠製程主要是將製品設定在點膠機上，由點膠機進行點膠作業，點膠後依照客戶規格進行檢查。當然依膠的特性不同，製品點膠完畢有些須經 UV 機或是熟化機去做固化。

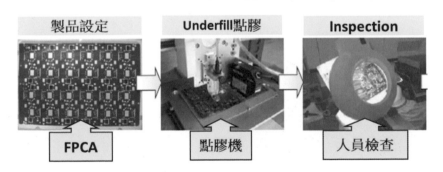

圖 2.90：點膠製程流程圖

Step8. 元件功能電器檢查：

進行元件功能 / 點燈等功能測試，功能電測區分①一般短路 / 斷線測試、②電氣迴路測試（In-Circnit-Test；ICT）與③電氣功能測試（Fanction Test；FCT）。

①一般短路 / 斷線測試：利用電阻測試，測試空板的斷線 / 短路。

②電氣迴路測試（In-Circnit-Test；ICT）：利用給電測試電感、電容、電阻方法，測試個別元件是否有效。可以找出缺件、墓碑、錯件、架橋、極性反，也可以大致測出主動零件（IC、BGA、QFN）的焊性問題，但對於空焊、假焊、冷焊與偏移問題就不一定可以找得出來。

圖 2.91：龜裂

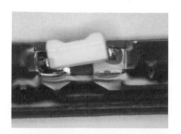

圖 2.92：偏移

圖 2.93：假焊

③電氣功能測試（Fanction Test；FCT）：其主要目的是為了找出組裝不良的問題，透過模擬電路板實裝成整機時的全功能測試，以期在組裝成整機前把所可能有瑕疵的實裝電路板找出來，免得組裝成整機後才發現不良，產生較大損失。

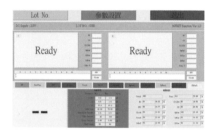

圖 2.94：FCT 作業圖

Step9. 最終外型加工：

利用刀切模，將製品切成客戶所需單片製品狀。

圖 2.95：外型沖孔

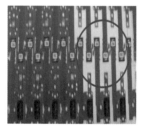

圖 2.96：外型畢製品

Step10. 外觀檢查：

依照產品標準進行最終的產品檢查。

圖 2.97：10 倍顯微鏡檢查

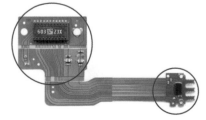

圖 2.98：檢查實裝的區域

近期因光學辨視系統及電腦的功能增強，很多人工檢查的作業已交由自動檢查設備 AVI （Automated Visual Inspection）去進行，檢出的精度及效率均比人工檢查來的佳。

Step11. 包裝出貨：

實裝品由於已經有實裝上的元件，不可以疊壓避免製品元件受損，因此必須裝於包裝盒上出貨。包裝盒因元件的不同，有些須使用抗靜電的包裝盒。

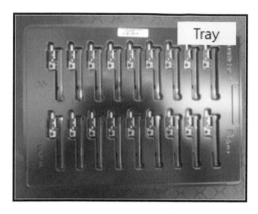

圖 2.99：抗靜電的包裝盒

表面黏著製程因零件已貼合在軟板上，很多部品零件會有靜電（ESD）擊穿的問題，所以工作職場的靜電防止系統很重要，職場的作業員也要很注意。

另外隨著製品的開發，元件的多樣化，相關檢查儀器的準備，也是表面黏著廠的一大課題，也因為表面黏著有別於軟板製程，很多板廠自己並沒有表面黏著的產線，而由專門的表面黏著廠商進行代工。

2-2 捲對捲（Roll to Roll）及自動化

因軟板製品越來越薄，在單張作業過程中極容易產生製品卡板及手持的折痕，同時因應人工成本的日漸增加，為追求產線自動省人化，以及製程條件的穩定性，軟板的捲對捲製程漸漸普及。

捲對捲製程主要是設備的卷出及卷取的自動化設計，同時要保持張力，及防止材料蛇行，這需由軟板廠及設備供應商共同合作，目前單面板的製程大部份在電鍍工程前，可捲對捲的作業，但雙面板的部份要克服連續導穿孔製程、除膠製程，目前難度尚高，未來隨著微細線路的普及，雙面捲對捲製程是高階產品的必備條件。

除了捲對捲的製程外，隨著人工費用的上漲，以及軟板淡旺季的差異，造成人力的供需失調，製程自動化的推動也越來越被重視，為減少檢查人力的自動化光學檢查機（AOI）、自動視覺檢查機（AVI）、鑽孔檢查機等，這些自動檢查設備大量開發出來，產線上的自動機器手臂也遂漸應用導入。

2-2-1 捲對捲製程及自動化推進

捲對捲的設備除了板廠自行改造追加卷出卷取裝置外，另已有很多設備廠即可提供捲對捲連續的設備包含：

A. 連續鑽孔機　　　　B. 連續電漿設備　　　　C. 連續黑孔設備
D. 連續鍍銅銅設備　　E. 連續乾膜壓合設備　　F 連續曝光設備
G 連續蝕刻設備　　　H. 連續保膠沖模設備　　I. 連續保護壓著設備
J. 連續鍍金設備

雙面板在鑽孔製程上，主要是用雷射鑽孔機來進行加工，機林鑽針則是因產能問題，較少使用，目前的雷射機台加上卷出卷取裝置及快速的雷射加工效率，即可進行雙面連續的加工。

A. 連續鑽孔機：

圖 2.100：連續雷射加工機台　　　　　圖 2.101：連續雷射捲出 / 捲取機
（來源：三菱公司目錄）　　　　　　　（來源：鈦昇科技網頁）

B. 連續電漿設備：

連續穿孔完畢，須進行連續的表面的清潔，通常會用電漿（Plasma）來進行，因要在真空環境下加工，所以會將卷出卷取裝置一起設置在真空槽中，設備體積看起來會較大。

圖 2.102：連續電漿設備

其他的連續設備，已經有很多廠商開發出來，需自行尋找一些技術及服務比較好的設備廠，和這些設備廠合作，應可將表面處理工程做到連續化。

C. 連續黑孔設備：

因本身已是連續型的設備，只要進行設備改造加裝卷出卷取裝置，即可連續化。

圖 2.103：連續黑孔設備

D. 連續銅電設備：

有分水平式與垂直式，部分設備商已有現行的設備可供採購。

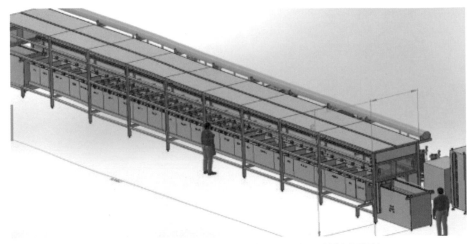

圖 2.104：連續銅電設備（來源：鈦昇科技網頁）

E. 連續乾膜壓合設備：

    和單面板的壓合機相同，只是雙面的壓合需再改造。

圖 2.105：連續乾膜壓合機台（來源：鈦昇科技網頁）

F 連續曝光設備：

    因單張的曝光機已用乾膜做成連續化，所以原則上用單張的曝光機加上比較好的定位裝置即可使用。

 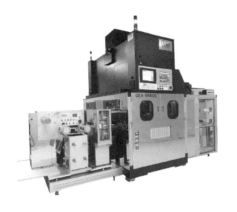

圖 2.106：捲對捲壓膜機　　　　　　　圖 2.107：捲對捲雙列式曝光機
（來源：群翊工業目錄）

G 連續蝕刻設備：

使用真空加流體蝕刻方式可以達到連續最佳的蝕刻能力。

圖 2.108：連續蝕刻工程（來源：登泰電路機械目錄）

H. 連續保膠沖模設備：

單張的加上卷出卷取裝置及伺服或步進馬達，提高拉送料的精度即可做成連續的保膠加工機。

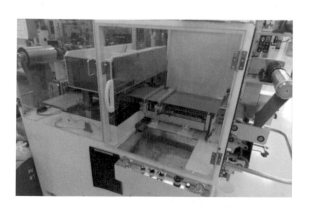

圖 2.109：連續保膠沖模機

I. 連續壓著工程壓合設備：

軟板表面或背面需墊上聚甲基戊烯聚合物（TPX）阻膠，所以需在傳統壓著機加上二組或是三組的卷出卷取裝置，另外為求溫控的穩定度，有冷卻裝置的壓合機會較佳。

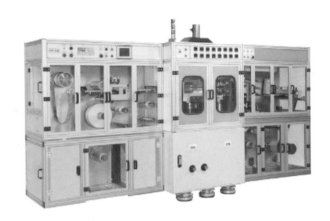

圖 2.110：捲對捲壓合機（來源：群翊工業網頁）

J. 連續鍍金設備：

和連續銅電鍍一樣的原理，但是因要鍍金及鍍鎳，所以在槽數上會比較多。

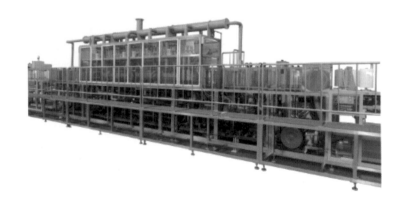

圖 2.111：垂直連續電鍍設備 RTR VCP（來源：聯策科技網頁）

原則上捲對捲的設備只會到表面處理工程，後續因有模具更換的問題，要再連續化的難度及成本極高，除了少數超大數量的產品外，很少會在後工程進行捲對捲的製程設計。

2-2-2 自動化（省人化）的作業

連續雷射鑽孔機設備到連續表面處理設備，皆已可連續化生產，加上自動保護補強貼合機，前段製程自動化已是成熟的產業，在技術上是沒有問題的。但是軟板是客製化的產品，後段製程尚有換模的動作待克服，現在已有一些大數量的產品能使用不需換模的生產線，已能全面自動化，實現無人化的後段產線，但大多數的產品還是以少量多樣化為主，後段製程還是人力密集的製程。但將來隨著雷射外形切割機的改善及導入，解決製品換線換模的問題，全面自動化的速度會更快到來。但在此之前，自動機器的使用，是可以有效的減少後工程的人力問題。

圖 2.112：關節式機器手臂
（來源：上銀科技網頁）

圖 2.113：關節式機械手臂
（來源：達明機器人網頁）

本章小結

傳統軟板的材料和製程基本上在過去的這段時間，並沒有太大的變化。但因人工費用上漲及品質上的要求，漸漸走向捲對捲及自動化等新製程的開發及應用。例如：雷射加工機的運用，取代一些鑽針鑽孔機及曝光，材料準備等設備，除了提高精度外，也可減少一些模治具的費用。自動檢查機的導入，減少檢查人力，及提昇檢查精度。

但是到了 2021 年起，因 5G 高頻材料的需求，及微細線路的需求，在傳統的軟板的製程上，將會有很大的變革。

5G 世代軟板高頻材料及微細線路製程簡介

CHAPTER **3**

5G世代的產品及軟板

材料變化

THE FUTURE IS HERE

第三章： 5G 世代的產品及軟板材料變化

3-1 5G 產品

在第一章有提及 2020 年會開始正式進入 5G 世代。5G 信號因有下列的優點：

A. 超高速，及高容量的信號傳輸

B. 低遲延通信的實現

C. 可以同時接續多數量的終端站

這在 4G 世代很多產品因信號傳輸速度及傳輸量不足，無法即時收訊，有些好的主意是很難實現。但是在 5G 世代可以克服信號傳輸慢的問題，很多新的產品會因高速即時信號傳輸而被創造出來，當然每一新世代的到臨，一定會有一些革命性的新產品誕生，4G 世代是智慧型手機，5G 世代的革命性產品是什麼？這是我們很期待的。

要推動 5G 高速信號的普及，首先要面對兩大問題。

A. 適用 5G IC 晶片的問題。

B. 提供 5G 天線基地台的基礎建設問題。

A. 適用晶片的問題：

每一個晶片供應商為因應 5G 產品，皆努力地開發適合自身產品的 IC。特別是手機客戶，為了使自家的產品有獨特性，會和 IC 設計廠合作，設計出自己的專用 IC。同時隨著新功能更強的 IC 晶片出現，產品的設計也跟著改變，這些產品的開發商，必須和這些 IC 晶片的開發，製造及設計商保持高度配合。目前的 5G 晶片以高通為主，聯發科也有開發 Sub-6 的晶片，但是未來一定會有更多的廠商投入新 IC 開發這一部份。陸系的 IC 廠因起步較晚，加上一些外部政治的問題，目前是比較沒有競爭力，但這狀況未來可能會改變。同時因為 5G 的多功能需求，原先一支手機可能只用 1 個 12 奈米的 IC，現 5G 手機因多工的需求，可能會用到 3 顆 12 奈米的 IC，導致 IC 的產能不足，這也會造成 5G 推動的問題。

英特爾 XMM8000	聯發科 Helio M70	高通 Snapdragon X50/X55	華為海思 Balong5000	三星 Exynos Modem 5000
Sub-6Ghz 26Ghz	Sub-6Ghz	Sub-6Ghz 26Ghz	Sub-6Ghz	Sub-6Ghz

B. 提供 5G 天線基地台的基礎建設問題：

　　5G 因頻率高，信號相對弱，舊有 4G 可能每 100 米需要有一基地台，但 5G 可能每 10 米即需要有一基地台，架設這些基地台的成本是極為昂貴的（圖 3.1），特別是土地取得，及社區對基地台的接受度，這部份必須政府和電信業者合作，相對地未來的 5G 商機也極為龐大。

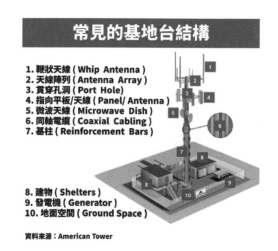

圖 3.1：常見的基地台結構

圖 3.2：5G 基地台

　　目前是處於 5G 基地台不足的過渡期，應對的方式是將終端機集中（如運動場）的位置，架設一大基地台（接收毫米波頻寬），再利用現有的 4G 基地台對 Sub-6 頻寬的 5G 產品提供 Sub-6 頻寬訊號。如要真正的 5G 頻寬，還是要用到毫米波段（28 GHz）的訊號，這就要有足夠的基地台，才能使信號能夠正確快速地傳輸。

　　5G 波段的問題及基地台不足的對應方式，後續會在第 4 章會有更詳細的介紹。IC 供給及基地台架設普遍化這二大問題克服後，才能真正享受 5G 產品的便利性。

5G 產品會是很多樣化的，也會改變人類未來的生活模式，其中比較大的改變，即所謂革命性的產品，筆者認為應會發生在下列四大類產品上（如圖 3.3）：

1. 智慧型手機　　　2. 車載品應用　　　3. 穿戴式產品　　　4. 物聯網

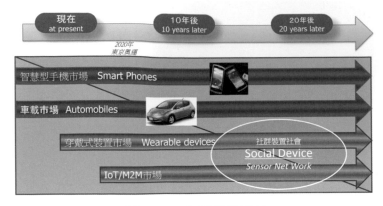

圖 3.3：5G 世代的產品

從 2020 年 5G 元年開始爆發性發展到 2030 年，車用通訊將會成長 30% 以上。IoT 用途持續成長，個人 3C 產品將大幅成長 40% 以上（如圖 3.4/ 圖 3.5）。

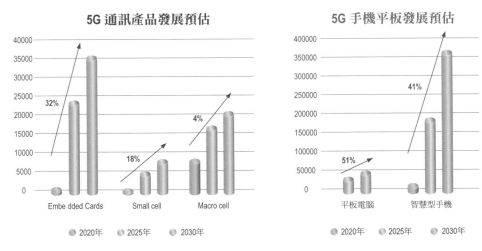

圖 3.4：5G 通訊產品發展預估　　　圖 3.5：5G 手機平板發展預估
（來源：網路數據整理）

5G 發展下物聯網（Internet of Thing；IoT）、機器與機器之間的資訊交流（Machine toMachine；M2M）、人工智能（artificial intelligence；AI）、大數據、雲端以及邊緣運算大量運用在高速通訊、自動駕駛、遠距醫療的關係，也因產品功能增加，製品小型化的需求，未來軟板的發展趨勢將往高速、低損耗材料與微細化線路的方向發展。

5G 世代軟板高頻材料及微細線路製程簡介

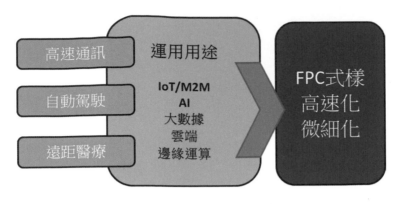

圖 3.6：未來 FPC 的發展趨勢

3-1-1 5G 手機市場

5G 導入初期，影響最大的應是智慧型手機，隨著 5G 的普及，勢必會引起一波換機潮，預估到 2022 年會達到近 4 億台，以每台 500 美金估算，合計會約有 2000億美金的金額（如圖 3.7），一些新式樣的手機會也出現，如可折疊式手機，可使螢幕的面積再放大一倍，取代部份 TABLET（平板電腦）的市場。

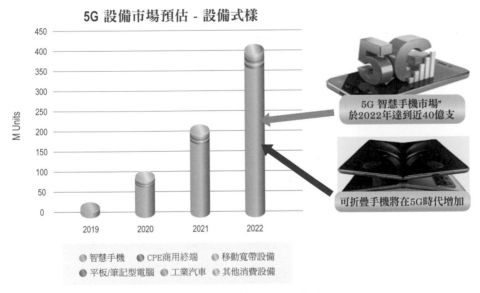

圖 3.7：5G 設備市場預估－設備式樣

折疊式手機使用的相關材料，特別是螢幕會有很大的變化，從傳統的玻璃材質，轉變成無色聚醯亞胺（Colorless PI；CPI）材質。

| 圖 3.8：曲面手機 | 圖 3.9：折疊式手機 |

另外因螢幕設計成可折材料，傳統的面板驅動 IC 是打在玻璃邊緣上，（Chip On Glass；COG），或是打在一片專用的 FPC 上（Chip On Film；COF）；或是打在主機板上（System On Flex；SOF），現因為面板本身是可凹折的，IC 可以直接打在面板上，有可能由 COG，COF 變成 COP（Chip On Panel），另外未來 CPI 的材料運用在玻璃窗上做成面板將可能具備有其他的市場。

表 3.2：各種驅動 IC 和面板的貼合方式

	COP	COF	SOF
構造図	5layer RF Flexible AMOLED	5layer RF COF Flexible AMOLED	Fine-line 5layer RF Flexible AMOLED
組裝規格	直接組裝於螢幕上	直接組裝於雙面COF上	直接組裝於微細多層軟板上

和 5G 相關連的元件如天線，GPS、WiFi、NFC、USB 3.1 Type C 等也必需要具備高速傳輸的功能，如 WiFi 由 2.4GHz 提高到 5GHz；USB 的傳輸資料由 480Mbps 提高到 10 Gbps，這些元件的材料為因應 5G 高速的需要，也必須改成高頻材料。

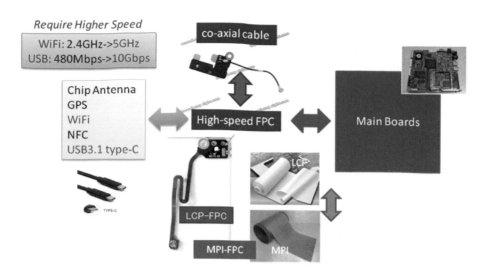

圖 3.10：手機需要用到高頻材料的零件

　　另外，手機天線是手機和基地台之間互相傳送訊號的主要介面，為使傳送的資料更大、更快、更正確，而運用到多輸入多輸出系統（Multiple Input Multiple Output；MIMO）技術。 基地台和手機中使用天線數量也會更多，4G 時可能是 2X2 MIMO 或 4X4 MIMO 的系統到 5G 會發展成大規模的 MIMO（Massive MIMO）系統，4G 世代未期一支手機中和基地台傳輸用的 4X4 MIMO 天線數要 4 支，另 WiFi 及藍牙用無線再各一支，手機中的天線數已達 6 支，未來 5G 時代天線數還會再增加，手機中的天線也有可能會做成封裝電線模組（Antenna in Package；AIP），這些天線都需要用到高頻材料。

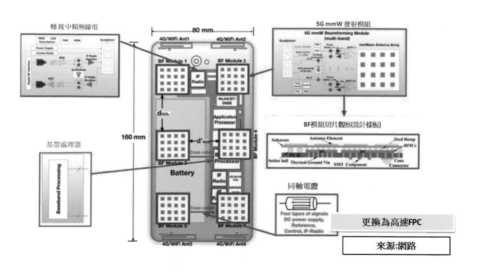

圖 3.11：5G 智慧手機的 AiPs 需求（封裝天線模組）

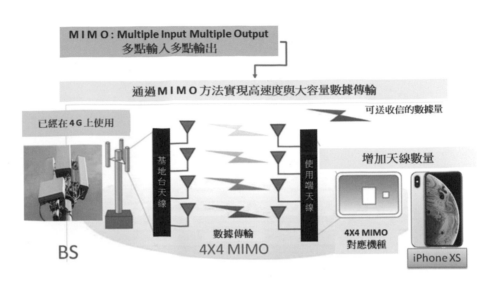

圖 3.12：通過 MIMO 方法實現高速度與大容量數據傳輸

　　另外是相機功能的增加，為追求拍照的效果，及安全辨識系統的應用，相機鏡頭數會更大範圍地增加，手機相機鏡頭的畫素會越來越高，一些資料為經由 5G 的快速傳輸功能，將相片送往雲端硬碟保存，或是一些影片可以經由 5G 往手機或是螢幕傳輸，這些相關的元件的需求量也會快速增加。

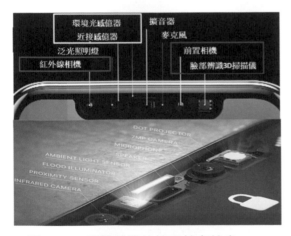

圖 3.13：智慧手機的鏡頭越來越多

圖 3.14：上傳下載的示意圖

　　隨著 5G 世代的到來，手機新功能出現的速度會更快、更多樣化，為了要享受新功能的便利，手機的汰舊速度會加快，使用年限會縮短，對新手機用量會在 5G 開始的前幾年會有很大的需求，手機所使用的相關元件，皆會有大量的增加，主被動元件、面板、天線、麥克風、喇叭、電池、電路板等等，因換機潮的需求，皆會有一波的成長。這些產品因高速信號損耗所產生的熱，及元件增加，相對的熱源也會增加，具有散熱功能的軟板材料也是未來的重要課題。

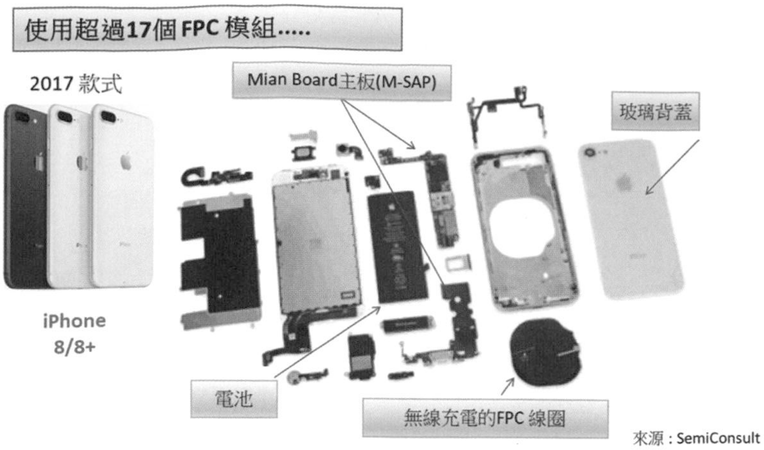

使用超過17個FPC 模組......

2017 款式

Mian Board主板(M-SAP)

玻璃背蓋

iPhone
8/8+

電池

無線充電的FPC 線圈

來源：SemiConsult

圖 3.15：iPhone 使用超過 17 個 FPC 模組

　　5G 世代的手機所需的零件，主被動元件數量會大幅增加，但受限於手機的體積，為了在有限的空間放入更多的元件，所有的元件包括電路板皆會小型化，電路板小型化後即會遇到高密度細線路的要求，而新微細線路的加工法會開始採用，目前比較成熟的微細線路製造加工法是半增層法（SAP）。

　　5G 多樣化產品會在 5G 普及化後如雨後春筍般大量冒出，這些新產品的部份功能會取代手機功能，例如結合耳機的智慧型眼鏡，部分 VR/AR 產品、智慧型音箱等等，加上一些由物聯網所構成的共享經濟產品，這可能會讓智慧型手機在未來的世代被淘汰。

HTC VIVE

圖 3.16：HTC VIVE

JorJin J102

圖 3.17：Jorjin J102
來源：官網

Amazon Echo

圖 3.18：Amzon Echo

　　手機經歷一波換機潮後，舊手機的處理，以及一些材料回收再利用等環保問題，也是在 5G 時代要面對的另一個棘手問題。

3-1-2 車載品應用

車載品因和人身安全有關,相關的變化皆會通過一連串的驗證確保其安全性,並要配合政府的相關法律訂定,才能實現,其改變的速度相對手機等非關安全的民生用品較慢。

電動汽車及自動駕駛車應是 5G 世代對汽車產業最大的改變。

3-1-2-1 自動駕駛車

要了解自動駕駛車,首先要對自動駕駛的等級定義,及相關的先進駕駛輔助系統(Advanced Driver Assistance Systems;ADAS)有所了解,本小節會介紹自駕車的等級及針對現有各 ADAS 的功能做介紹。

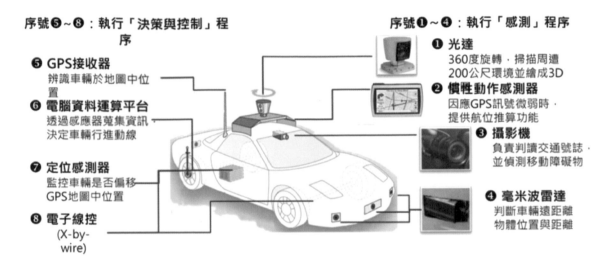

圖 3.19:自動駕駛車 (來源 :Google)

自動駕駛車的等級(Levels of Autonomous Driving)(表 3.3),由「汽車工程師學會(SAE:Society of Automotive Engineers)」進行定義,從輔助駕駛到完全自動化駕駛,定義了由等級零到等級五等共六個等級。

如等級表所示,最後的第六級即成為「無人駕駛車(Driverless vehicles)」,這項定義即成為自動駕駛車的共同使用的標準。下面介紹這六等級的各等級的自駕程度:

A. 等級零(SAE Level 0):

完全無自動,輔助功能,完全由人工操作,駕駛必須隨時掌握車輛的所有機械與物理功能,僅配備基本的警告裝置等無關主動駕駛的功能。最早期的車輛就是 L0 級,完全需要駕駛全程操作。

B. 等級一（SAE Level 1）：

　　駕駛須自行操控車輛，但有一種或多種主要的自動化控制功能，降低駕駛疲勞與幫助行車安全。例如：電子穩定程式（Electronic Stability Program；ESP）、防鎖死煞車系統（Anti-lock Braking System；ABS）、巡航控制系統（Cruising Control System；CCS）、車道偏離警告（LDW）、前碰預警（FCW）等。目前市面上絕大部分的汽車都是這個等級。

C. 等級二（SAE Level 2）：

　　駕駛者主要控制車輛，車輛具有多種自動化輔助控制系統，可以代替駕駛人處理駕駛環境的變化，減輕駕駛人的負擔，但是駕駛人仍需要注意行駛環境，隨時有可能需要介入控制車輛，例如：主動式巡航定速（Adaptive Cruise Control；ACC）、自動緊急煞車系統（Autonomous Emergency Braking；AEB）、自動停車系統（Automatic Parking System；APS）與盲點偵測（BLIS）等等。

D. 等級三（SAE Level 3）：

　　車輛配備大量監控與自動控制系統可以在大部分狀況下自動完成駕駛任務，在一定條件下可以監控駕駛環境，並控制車輛，當汽車偵測到需要駕駛人時會立即讓駕駛人接管後續控制，因此駕駛人必須隨時準備接手系統無力處理的狀況，此即為無人駕駛車的最初始階段。

E. 等級四（SAE Level 4）：

　　駕駛者在一定條件下，讓車輛可以自動完成所有駕駛和環境監控，在啟動自動駕駛功能時駕駛人不需要介入控制，但是自動駕駛僅限於經過設定的道路條件，例如高速或特定規定的道路上使用，系統提供駕駛者「足夠寬裕之轉換時間」，駕駛應監看車輛運作，但可包括有旁觀下的無人停車功能。這就是所謂的「在一定條件下的自動駕駛」。

F. 等級五（SAE Level 5）：

　　完全自動駕駛，車輛在所有條件下，都可以進行自行駕駛，自動駕駛可以在所有道路上使用，駕駛者不需要在車上也可以執行所有與安全相關的控制功能，進行自動駕駛，也就是完全自動化，汽車操控不再需要方向盤、剎車、油門。

表 3.3 來源：工研院產科國際所

自動化程度	SAE名稱		定義	國際立法狀況	國際產業發展進度
警示	Lv0	無自動化	有警報系統支援，但所有狀況仍由駕駛人操作車輛		
駕駛輔助	Lv1	輔助駕駛	依據駕駛環境資訊，由系統執行1項駕駛支援動作，其餘仍由駕駛人操作	已立法	2015年
	Lv2	部分自動化	依據駕駛環境資訊，由系統操控或執行多項加減速等2項以上的駕駛支援，其餘仍由駕駛人操作		
自動駕駛	Lv3	有條件自動化	由自動駕駛系統執行所有的操控，系統要求介入時，駕駛人必須適當的回應(眼注視前方/手不須握住方向盤)		2020年
	Lv4	高度自動化	於特定場域條件下，由自動駕駛系統執行所有的駕駛操控(Hand free/Mind free/不須要駕駛人)	各國推動中	2025年
	Lv5	完全自動化	各種行駛環境下，由自動駕駛系統全面進行駕駛操控(Hand free/Mind free/不須要駕駛人)		2030年

TOYOTA提供

圖 3.20：LEXUS 的自動駕駛車號稱可達 Level 4

摘自carscoops

圖 3.21：LEXUS 的自動駕駛車

　　要進入 Level 5 的全自動自駕車，要配備很多的先進駕駛輔助系統（ADAS）來進行輔助，才能達到 Level 5 的階段

　　下表是工研院預估，要到 2030 年才會有 Level 5 的自動駕駛車出現。

表 3.4 自動駕駛車發展預估（來源：工研院產科國際所）

項目	2016	2017	2018	2020	2022	2024	2026	2028	2030~
Level 5									自動駕駛計程車
Level 4		低速自動接駁小車(4座或20座)			自動駕駛在公車道、特定場域、時速小於40公里 運用大數據做到自動駕駛在特定場域，車速如公車一般車速，搭配智慧交通	自動接駁車(最後一哩)可4座小車或20座小巴			自動駕駛在複合交通的特定場域、特定道路
Level 3									
Level 2	低速跟車、停車輔助			低速自動駕駛巴士					
Level 1	限定車速、怠速、車道維持、停車輔助								
Level 0	限定車速、怠速、車道偏移警示、停車輔助						歐洲		

輔助駕駛人進行汽車駕駛控制的系統稱為「先進駕駛輔助系統（ADAS：Advanced Driver Assistance Systems）」，主要功能並不是控制汽車，而是提供駕駛人，車輛的工作狀況與車外行駛環境變化等資訊。

輔助系統只是警告、提示、協助駕駛人而已，讓駕駛人提早採取因應措施避免交通意外發生，相當於自動駕駛等級三（SAE Level 3）。

先進駕駛輔助系統（ADAS）主要包括下列三個部分（圖 3.19）：

A. 各種感測器（Sensor）

偵測各種外界訊號，可能使用的感測器包括：雷達（Radar）、光達（Lidar）、飛時測距（ToF）、紅外線（Infrared）、超音波（Ultrasonic）等，可以偵測的距離遠近不同。

B. 處理器（Processor）

處理接收進來的訊號，在汽車裡稱為「電子控制單元（ECU：Electronic Control Unit）」，可以收集並且分析汽車所有感測器傳送過來的訊號，並且做出適當的分類與處理，再向致動器輸出控制訊號。可以使用的處理器包括：微處理器（MPU）、數位訊號處理器（DSP），如果必須使用人工智慧深度學習或處理大量行車影像運算則可以使用圖形處理器（GPU）。

C. 致動器（Actuator）

控制各種致動的裝置，依照處理器傳送過來的控制訊號，讓相關的裝置完成運作，例如：啟動自動煞車使汽車停止前進、啟動螢幕顯示警告訊息、啟動蜂鳴器發出警示音等。

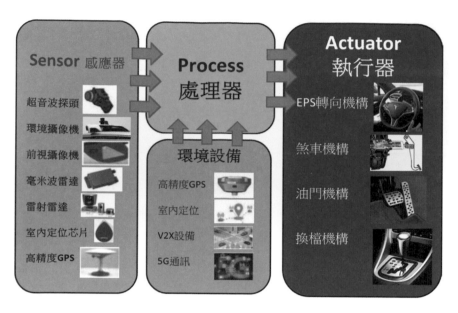

圖 3.22：Sensor、Process、Actuator 的關係

　　隨著技術的進步與感測器價格愈來愈便宜，各種不同的先進駕駛輔助系統（Advanced Driver Assistance Sxstems；ADAS）被應用在車輛上，早期只有高級車配備，目前則愈來愈普及，下面圖 3.23 至圖 3.31 是一些常見的輔助駕駛系統：

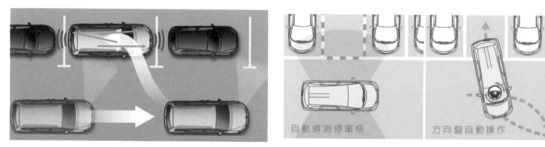

圖 3.23：停車輔助系統（Parking Aid System；PAS）
（來源： Honda https：//www.honda-taiwan.com.tw/Auto/Safety/Tech）

5G 世代軟板高頻材料及微細線路製程簡介

圖 3.24：夜視系統
（Night Vision System；NVS）
（來源： argocorp https：//www.argocorp.com/
cam/special/IMEC/IMEC_line.html）

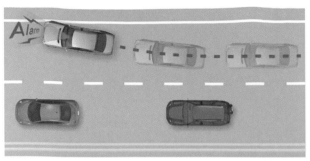

圖 3.25：車道偏離警示系統
（Lane Departure Warning System；LDWS）
（來源： Chimei motor .http：//www.chimei-
motor.com/product/ldw/）

圖 3.26：汽車防撞系統
（Collision Avoidance system；CAS）
（來源： KKnews https：//kknews.cc/car/
l4egpmb.html）

圖 3.27：盲點偵測系統
（Blind Spot Detection System；BSD）
（來源： Pixnet）
（https：//star0800204.pixnet.net/blog/
post/191825662-%E4%B8%BB%E5%8B%95%
E5%BC%8F%E7%9B%B2%E9%BB%9E%E5%
81%B5%E6%B8%AC）

圖 3.28：主動車距控制巡航系統
（Adaptive Cruise Control System；ACC）
（來源： Volocars https：//www.volvocars.com/
tw/cars/new-models/v40）

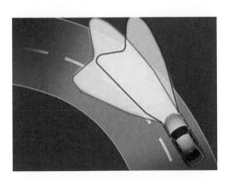

圖 3.29：適路性車燈系統
（Adaptive Front Lighting System；AFS）
（來源： KKnews https：//kknews.cc/
car/3bp5kg3.html）

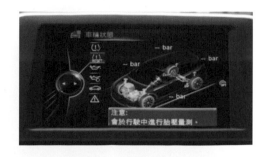

圖 3.30：胎壓偵測系統
（Tire Pressure Monitoring System；TPMS）
（來源 BMW https：//www.bmw.com.tw/）

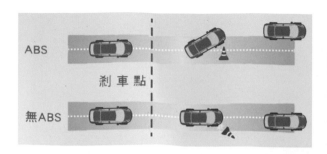

圖 3.31：煞車電子輔助系統
（Anti-lock Brake System；ABS）幾種系統：
（來源 Nissan new.nissan.com.tw）

　　另有下列各種煞車電子補助系統簡單列出就不一一介紹：

A. 煞車輔助系統（Brake Assist System；BAS）

B. 防滑控制系統（Traction Control System；TCS）

C. 電子煞車力量分配（Electronic Brake force Distribution；EBD）

D. 電子穩定控制系統（Electronic Stability Control；ESC）

E. 煞車優先系統（Brake Override System；BOS）

F. 電子式駐煞車系統（Electric Parking Brake；EPB）

　　當然這些先進駕駛輔助系統所創造出來的電子市場的商機是極為龐大，表 3.5 是 ITS 的資料，單位是日幣，請各位參考。

表 3.5：未來車載市場的成長金額（單位：日元）

	2016 年	2025 年
[車載機器] 車載相機與微波雷達，顯示器與 ETC 車載機等等	1 兆 423 億	約 2.4 倍的 2 兆 5,153 億
[通信] 3G 與 4G，5G 等的迴線用蜂窩模塊 WI-FI 與 Bluetooth 等的無線通信技術市場	1,353 億	約 4.2 倍的 5,718 億
[基礎建設] 停車場系統，EV 用充電系統，配車管理服務等等	5,048 億	約 1.9 倍的 9,716 億 V2X 系統需要持續擴大
[車載相機市場]	9,808 億	約 4.2 倍的 4,150 億

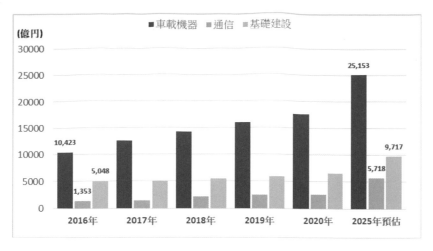

圖 3.32：車載品成長趨勢（來源：ITS 市場動向）

在先進駕駛輔助系統（ADAS）中，部分的產品因受限於 4G 的傳遞速度不夠靈敏，皆是自體車上附加的獨立式感測器（Sensor）與電子控制單元（Electronic Control Uni；ECU）之間進行資料的傳輸。但 5G 信號快速化及高容量的特性，會用更精確及大範圍的 GPS 系統，去追加更多信號來源，使車子的安全性更高，未來全面性 Level 5 自動駕駛車，有可能藉由車子 GPS 之間互相串連，形成所謂的車聯網，再和各部車子電子控制單元（ECU）進行信號傳遞，做整體的管控，在一些特別的緊急狀況，再由各短程的汽車獨立感測器去做對應，如此才是實現真正 LEVEL 5 的自動駕駛車。而這麼多的感測器大多數需要用到高頻材料，來進行信號傳輸，避免信號遲緩的問題，而造成意外的發生。

當然這些只是目前比較常見的先進駕駛輔助系統，未來走向 Level 5 的過程中，一定會有更多的先進駕駛輔助系統被發明出來。

3-1-2-2 電動車

有關 5G 時代的車載品，除了自動駕駛車外，另一重要新產品是電動車。而電動車最主要面臨的是鋰電池環保污染的問題，未來燃料電池應是為一大主流，燃料電池內部電極板的相關材料，及電池的匯流排板，這應該會用到軟板的相關製程或是材料，不過電池產品因電壓的問題，通常會需要比較厚的銅箔，這又是軟板另一未來的應用範圍。

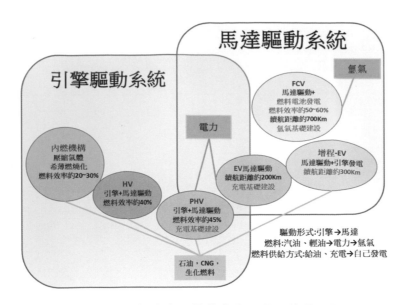

圖 3.33：燃油車及電動車的驅動系統差異圖

TOYOTA 的電動化宣言：2030 年電動車的販售數量達 550 萬台以上，其中電動車（Electric Vehicles；EV）、燃料電池車（Fqel Cell Vehicles；FCV）目標為 100 萬台。

Honda 目標設定在 2030 年世界販售的電動車中佔比三分之二，其中 15% 佔比是電動車（EV）與燃料電池車（FCV）。

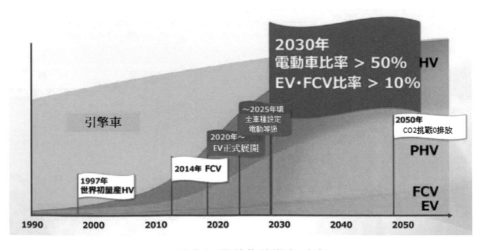

圖 3.34：TOYOTA 的車輛電動化的進程（來源：TOYOTA ）

圖 3.35：電池滙流排的相片

　　燃料電池因具有環保及節省能源的優點，只要加氫氣（H_2），即可產生電力，現在各汽車廠、電池廠皆以燃料電池列為未來的發展重心，同時往體積重量下降、能量增加的方向發展。

科技的發展： 效率

圖 3.36：電池科技的發展

　　在未來的 5G 車載品要進入自駕車的過程中，高頻材料、耐熱材料是必須的。

3-1-3 穿戴式產品

　　傳統的 FPC 的市場主要是手機的相關產品約佔 65%，車載品應有 10%，其他產品佔剩下 25%（圖 3.37），手機市場的佔比比重太大，相對於 FPC 板廠是有很大的風險，如果手機後續產品沒有用到 FPC，那對整體營運的影響會很大。

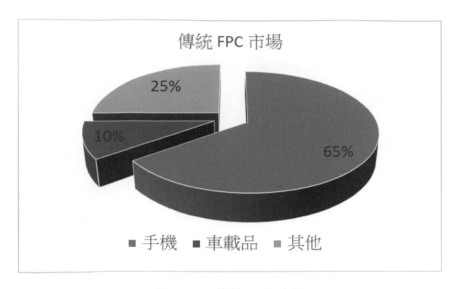

圖 3.37：傳統 FPC 市場

　　未來軟板的新市場，應是 IoT 及醫療相關用途的產品會應運而生。但是在未來的世界，手機極有可能會因 5G 的特性，其功能被穿戴式產品取代，手機只剩當路由器，接收信號的功能。

　　這些穿戴式產品的特性有很大比例是可拋式的產品，使用軟板的數量會很大，同時因應醫療相關用途以及便利攜帶的產品，會是 5G 時代的另一個重要商機。

　　穿戴式產品首先是應用在醫療相關的產品，為了偵測身體的各項生理數據，會有一些新材料的應用出現，例如：附有導電纖維的智慧衣、具有壓力感測的智慧感應器、可偵測睡眠品質的智慧床、各式智慧手錶、可用在動物及人體身上的晶片，這些產品所偵測到的數據會高速傳送到雲端，再轉傳到有相關的組織單位，如醫院、健身中心等，這些組織單位利用這些數據設置緊急處理機制，以避免緊急病故的發生，或是建立大數據資料庫去做慢性病的防治與判斷，最後形成醫聯網。但一般的軟板是無法伸縮的，為了與皮膚緊密貼合，開發可伸縮的軟板材料是必要的。

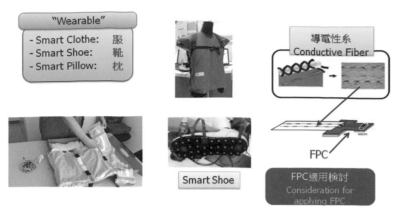

圖 3.38：智慧衣運用

　　另外其他的消費性電子產品，如智慧耳機、智慧眼鏡、智慧手錶、智慧手環、AR/VR/MR，還有其他開發中的產品，如人工視網膜等裝置，皆是輕便易攜帶的產品，在有限的空間內因電池的蓄電能力，即占一大空間，並且需要兼顧時尚及功能性，必須設計高密度的線路，才能滿足空間的限制，半增層法（SAP）製程在這類產品上會廣泛應用。

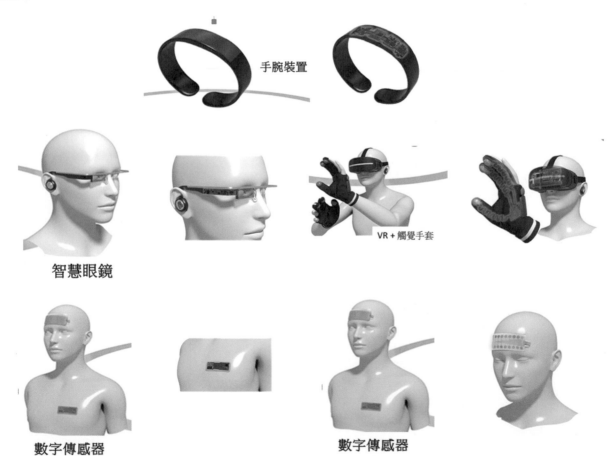

圖 3.39：5G / IoT 運用穿戴式裝置及 FPC 的運用

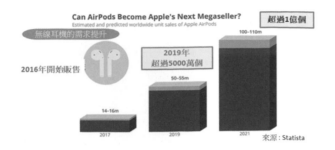

圖 3.40：無線耳機的市場需求

圖 3.41：Air Pods-Pro 用到的 FPC
（來源：https://www.apple.com/tw/airpods-pro）

Garmin

HTC VIVE

JorJin J102

Amazon Echo

圖 3.42：Garmin　　圖 3.43：HTC VIVE　　圖 3.44：Jorjin J102　　圖 3.45：Amazon Echo

MR（複合現實）技術導入

人體感官有 5 種，分別為視覺（眼睛）、味覺（舌頭）、嗅覺（鼻子）、聽覺（耳朵）、觸覺（皮膚）。AR/VR 必須使用這五種感覺當成感測器，不管是真的狀況（AR）、假的狀況（VR），或是混合真假的狀況（MR），再加上自己腦力判斷運用，去指示身體做出反應。這類以身體的器官當感應器所開發的 AR/ VR/ MR 產品也會在未來廣泛使用。

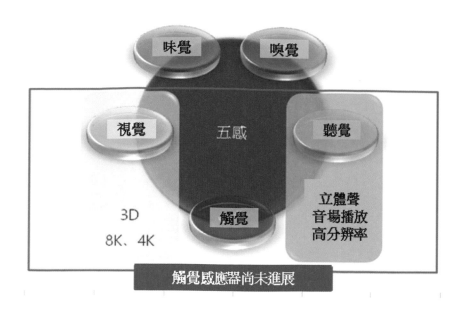

圖 3.46：觸覺感應器尚未進展

　　本章節所介紹的未來穿戴式產品將會應用到的軟板材料是高頻材料、伸縮材料及微細線路材料等。

3-1-4 物聯網（Internet of Thing；IoT）

　　物聯網主要分三個層次：

A. 感測層（Sensor Level）

B. 網際網路（Network Level）

C. 分析器（Analysis Level）

圖 3.47：物聯網的概念

　　由各式的感測器取得很多的數據，由網際網路傳送到雲端，再由程式分析去做後續的指令，此即為物聯網的概念。

　　現在的感測器種類很多，包括人體五感的感測器、照相機、溫控器，壓力感測器、無線射頻辨識（Radio Frequency IDentification；RFID）等等，當網路進入到 5G 世代，使用傳遞的速度及資料量會變得更快更多。

　　藉由各種分析程式的開發，將會創造很多的新商品，一一在未來實現。例如汽車的所有資訊皆可使用 5G 的強大傳輸功能，並藉由自駕車的安全輔助系統形成的車聯網，而真正的進入 Level 5 全面自駕的階段。各工廠的庫存狀況的經由 5G 送往雲端，經由電腦的計算，再和各供應鏈的生產系統或生產工站的連線，自動產生工廠排程計劃，進而實現智慧工廠。

　　下列是正在運作中的各項物聯網的系統：

A. 車聯網　　　　B. 智慧型工廠　　　　C. 健康管理
D. 智慧建築　　　E. 智慧住宅　　　　　F. 智慧學校

　　這些系統會因 5G 信號的強大，而越來越方便實用。

　　當然物聯網的資料來源就是靠這些感測器，為了讓數據能快速地立即傳輸，應會使用高頻材料，同時為求感測器的尺寸縮小，會製成微細線路是有可能的，如果用在人體上，為求舒適，材料可能是可伸縮式的，這麼多的感測器，後續要如何處理才不會造成環保問題，這些皆是未來軟板材料開發的重大課題。

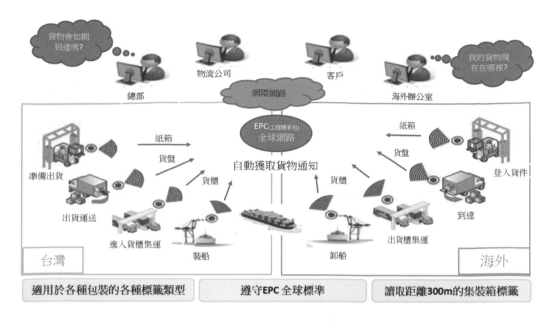

圖 3.48：5G IoT 改變生產物流模式

電子業界製程能力因為 5G 革命而提升，中長期擴大發展的項目可參閱圖 3.49。

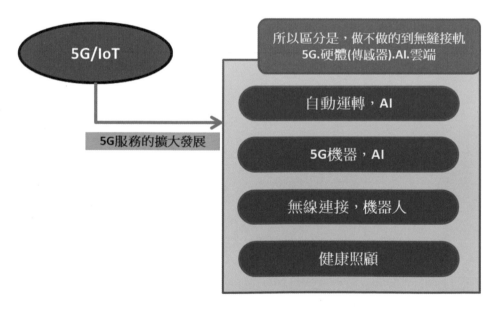

圖 3.49：5G 擴大的服務項目

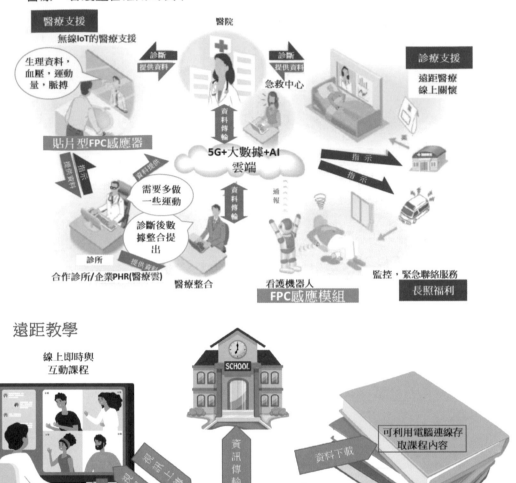

圖 3.50：5G 改變偏遠鄉村及遠距醫療及教學的問題

在 IoT 的應用，高頻材料，環保材料是必須的。

3-2 因應 5G 年代，軟板的需求變化

綜合上述 5G 時代誕生出很多革命性的新產品，而這些新產品也因為各項功能的需要，對軟板的材料會有新的要求，這邊整理一下未來的在 5G 時代的軟板材料會有下列的新需求，如圖 3.51。

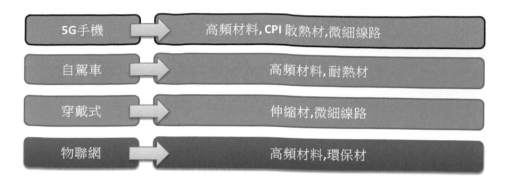

圖 3.51：軟板材料新需求

　　依照其特性簡單分類：高頻材料、散熱材料、耐熱材料、透明材料、伸縮材料、環保型材料、半增層法基材等，後續將在各小節內一一說明。

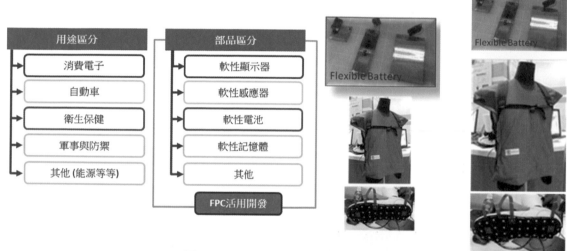

圖 3.52：未來軟性印刷電路板的運用

3-2-1 高頻材料

　　因為信號傳送的速度很快，為了減少信號損耗，必須使用高頻用的軟板材料，若沒有高頻材料，5G 是不可能實現的，高頻材料的開發一定是 5G 世代，軟板相關行業中最重要的一項技術。

圖 3.53：高頻 LCP-FPC 樣本

3-2-2 散熱材料

因晶片的數量增加、高頻高速材料的使用、信號損耗的這些能量會轉變成熱，當產品越來越小，但內部所用的主、被動元件越來越多，特別是 LED、IC 晶片、電池等都會產生極高的熱源。如何快速地將這些熱源通過板材有效地排放出，也是一個新材料的課題。

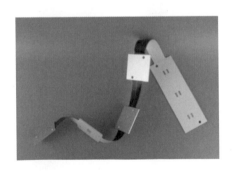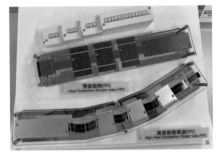

圖 3.54：軟板散熱材料樣本

3-2-3 耐熱材料

目前的 PI 產品因接著劑種類的不同，可以耐熱到 150℃，但是隨著 5G 新運用的需求，如車燈、引擎，或是動力控制系統所需的材料耐熱能提高至 160℃以提升其信賴性，未來還需要材料供應商將及接著劑供應商一起合作開發更高耐熱的材料。

5G 世代軟板高頻材料及微細線路製程簡介

圖 3.55：耐熱材料

3-2-4 透明材料

近期透明 PI（Colorless PI；CPI） 的運用越來越廣泛，可折式的手機螢幕，及有機發光二極體（Organic Light-Emitting Diode；OLED）螢幕主要是使用 CPI，未來會再取代一些用在透明玻璃上的螢幕。此一市場會漸漸成長。

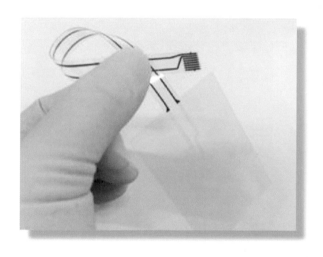

圖 3.56：透明材軟板樣本

3-2-5 伸縮材料

因現代人對於健康的追求，身體各項維生數據會即時被檢測，這些檢測數據的感應器，因需要長時間和皮膚接觸，而人體皮膚是具有彈性的，故會使用到具伸縮功能的材料。

圖 3.57：伸縮材軟板樣本

3-2-6 環保材料

因 5G 高速的影響，需要有大數據來協助一些產品做判斷，故需要蒐集這些大數據的感測器位於各個角落，這些感測器如果無法回收處理，將會造成環境的一大污染，一些容易分解回收處理的基材，也會慢慢出現。

離子水生物分解 FPC

 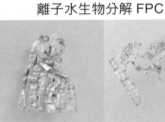  

將 FPC 放於離子水中　　1min. later　　2min. later　　5min. later　　60min. later

圖 3.58：環保材料

3-2-7 半增層法（SAP）基材

因產品的功能越來越多，但要求的尺寸會越來越小，線路密度會要求越來越密，線路間距（Pitch）規格會變小，傳統的蝕刻工法因有蝕刻梯度的問題，目前線路間距 $60\mu m$ 以下已經很難用蝕刻法製作，所以相關產品會開始導入半增層法（SAP）來對應。

圖 3.59：半增層法基材，微細線路所需的基材

因應 5G 高頻、高速、多功能化的產品出現，高頻材料及微細線路製程上用的基材在近期將會有大量的需求出現，後續的章節將會針對 5G 的高頻材料以及微細線路的半增層法（SAP）進行介紹。

本章小結

5G 的相關產品首要克服 IC 晶片的取得不易以及基地台的不足的問題，許多新產品也會陸續被開發出來，特別是手機、手機配件、自動駕駛車相關的輔助駕駛系統（ADAS）、穿戴式產品等，藉由這些產品未來物聯網會更普及化。

也因應這些新的產品，未來的軟板會有更多式樣上的需求。其中以高頻以及微細線路材料的開發是首先會遇到的課題。

5G 世代軟板高頻材料及微細線路製程簡介

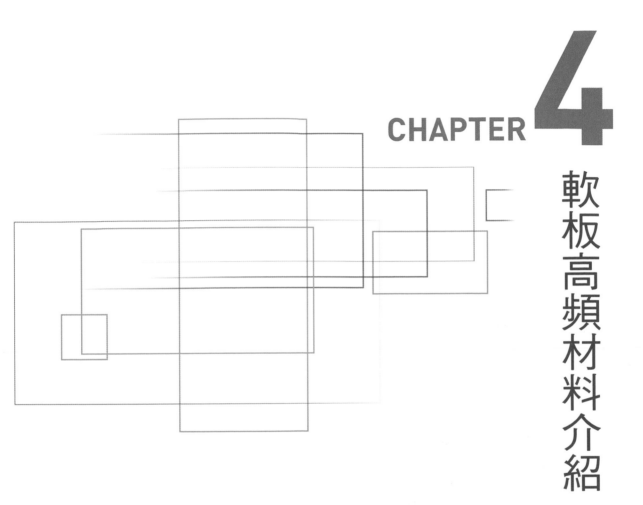

軟板高頻材料介紹

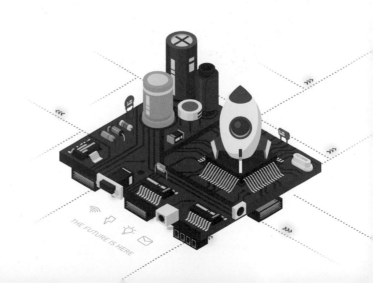

第四章 軟板高頻材料介紹

4-1 各世代及 5G 產品的介紹

如前章所述，關於各世代軟板的應用，2020 年開始軟板將有巨大變化，其中最主要的是正式進入 5G 的世代，而所謂 1G 到 5G 世代及主要產品的特性如下：

第 1 世代（1G）1979~1998 年：
以類比訊號傳送音訊的技術，
例如：汽車電話 肩背式電話。（圖 4.1）

第 2 世代（2G）1992~2001 年：
將音訊轉換成數位訊號的通信技術。
（圖 4.2）

圖 4.1：第 1 世代的代表產品

圖 4.2：第 2 世代代表產品，功能手機。

第 3 世代（3G）2001~2010 年：
對應數據高速化，智慧型手機誕生。
（2007 年 iPhone 發售，圖 4.3）

第 4 世代（4G）2010~2020：
智慧手機的收穫年 3G 後繼規格，
實現高速大容量通信。（圖 4.4）

圖 4.3：第 3 世代代表產品，智慧型手機。

圖 4.4：第 4 世代代表產品，高速智慧型手機。

第 5 世代（5G）2020~：

4G（LTE、LTE － A）後繼規格。如上一章節所提，5G 商品會在新一代的智慧手機，自動駕駛車，穿戴式產品及物聯網（Internation of Thing；IoT）普及（圖 4.5）。

圖 4.5：第 5 世代代表產品，5G 手機，自動駕駛車。
（來源：特斯拉官網）

　　因應 5G 高頻高速信號傳遞的需求，軟板會改用低信號損耗（Low Dk、Low Df）的材料，目前主要有液晶型高分子（Liquid Crystal Polymer；LCP）及異質性聚亞醯胺（Modified Polyimide；MPI）這二種產品， 另外含氟系的材料因介電質低，也是各材料供應商爭相開發中的產品。因信號在導線表層傳遞，導通材料也會改用低粗糙度表面平滑的銅材。這些改變將會是軟板材料在邁入 5G 世代的新技術課題。本章節會針對這些軟板高頻材料作逐一介紹。

　　進入 5G 世代的另一新技術課題是未來因應功能強大的終端產品，傳統的蝕刻線路會無法滿足產品的規格，軟板製程會開始使用半增層法的製程去製作微細線路。

| 資訊娛樂 | 運動與健身 | 醫療與照護 | 安全與保全 | 專業與軍事 |

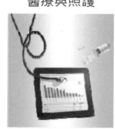

圖 4.6：穿戴式的產品應用

4-2 5G 產品的特性及基地台的規劃

4-2-1 5G 開放的頻段

2019 年開始，信號傳輸頻率由 4G 逐步轉變為 5G（圖 4.7）。3G/4G 頻率是 700MHz － 3.5GHz，目前各國政府普遍開放的 5G 頻率帶有二個區段：

A. Sub 6

為 3.6GHz － 6GHz 頻段。

B. mmWAVE

為 25GHz － 28GHz 頻段，這一頻段嚴格來說還是屬於微米波（Microwave 3G － 30G）但因頻率數值接近近 30GHz，所以也稱之為毫米波，有少數國家，如：美國正在開發中的 37GHz － 40GHz 波段，才是真正的毫米波。

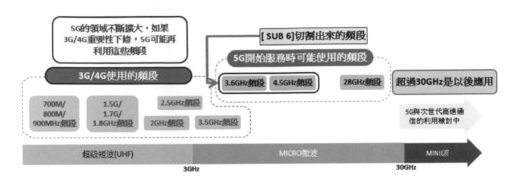

圖 4.7：4G 及 5G 頻段的區分

有關 5G 頻段比較，可參閱表 4.1。

表 4.1：5G 頻段比較

頻率範圍	波長範圍	電波特性	使用系統
低頻 （小於 3G Hz）	10~50 公分	有利於涵蓋 有利於 FDD 不利於 MIMO 不利於波速束成型	3G：2100M 4G：700/900M 4G：1800/2800M 5G：700/800M
中頻 （Sub 6） （3G ~ 6G Hz）	5~10 公分 （釐米波）	介於低頻與高頻之間 有利於 TDD	5G：3.5G Hz 5G：5.8G Hz
高頻 （mm-Wave） （大於 28 G Hz）	小於 1 公分 （毫米波）	不利於涵蓋 不利於 FDD 有利於 MIMO 有利於波速束成型	5G：28G Hz 5G：38G Hz 5G：68G Hz

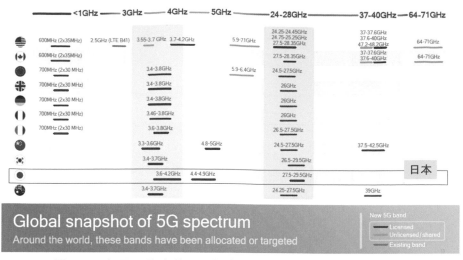

圖 4.8：各國開發中的 5G 頻寬表（來源：Internet article）

在 5G 所使用頻寬帶的初期，我們會先使用 Sub 6（3.6GHz － 6GHz）這一頻寬，這部份的信號強度及傳輸速度離 4G 的頻寬很接近，在材料選擇上，對信號損耗的要求還不會很嚴格，且可以利用既有的 4G 基地台稍加改造，即可收發 Sub-6 頻段的 5G 信號。但是用到毫米波的頻率區段，因信號頻率極快，對信號損耗的要求極為嚴格，現有的聚醯亞胺（Polyimide；PI）材料因 Dk、Df 過大，已無法滿足毫米波的信號傳輸，一定要有更合適低信號損耗的高頻傳輸材料開發，才能使用在毫米波段信號傳輸的產品，特別是天線類產品。

另外頻率太快，信號的損耗對信號收訊所造成的影響很大，對基地台的建設，初期須規劃一些小型基地台及輔助的路由器，這些設備是使用毫米波頻寬地區所必要的輔助設施。

Sub 6 頻段的 5G 手機，和比較高效能的 4G 手機，因頻率差異不大，很多 5G 的優點還是無法表現，例如期望數秒即能下載一部影片的理想，可能要在使用毫米波的 5G 手機才能實現，不過應用 Sub 6 的 5G 手機，在信號傳輸上還是比 4G 手機佳，資料的傳輸速度也相對快很多。

表 4.2：各波段的波長範圍及涵蓋範圍表

頻率範圍	波長範圍	涵蓋範圍
低頻 （小於 3G Hz）	10~50 公分	大於 1000 公尺
中頻 （Sub 6） （ 3G ~ 6G Hz ）	5~10 公分 （釐米波）	約數百公尺
高頻 （ mm-Wave ） （ 大於 28 G Hz ）	小於 1 公分 （毫米波）	約 100 公尺

4-2-2 4G 信號和 5G 信號的性能比較

因用毫米波的 5G 的信號傳輸頻率變快，即代表資料的傳送容量增加，此將造成 5G 頻率和 4G 頻率相比有下列 3 大特徵：

A. 大頻寬（Enhanced Mobile Broadband；eMBB）

超高速度及高容量信號傳輸，最大可以到達 20G bps 信號傳輸量，為 4G 信號的 20 倍。

B. 低延遲（Ultra Reliable and Low latency Comm；uRLLC）

低遲延通信實現，信號遲延會低於 1ms，為 4G 信號的 1/10。

C. 大連結（Massive Machine Type Comm；mMTC）

多數同時接續量加大，約是 4G 的 40 倍。

圖 4.9：5G 三大特徵

5G 信號除了上述的三大特徵外，還有下列優點：

A. 系統容量密度較 4G 提升 100 倍

B. 各項成本降低、能源使用率提高

C. 頻譜效益（Spectrum Benefits）粗估約提升 3 倍

表 4.3：4G 信號及 5G 信號的各功能比較

KPIs	4G		5G
平均使用者傳輸速率	10Mbps		0.1~1Gbps
最高傳輸速率	1Gbps		20Gbps
移動速度	350Km/hr		500Km/hr
延遲時間	10ms		1ms
每平方公里設備連接數量	103		106
系統容量密度	0.1 Mbps/m2		10 Mbps/m2
頻譜效率			提升 3 倍
網路能源效率			提升 100 倍

因應這 5G 產品的三大特徵，一些新產品理念將會被實現。如自動駕駛車，快速下載，AR/VR 式樣的產品大量出現在生活中，遠距醫療及遠距教學將會在人口老化、少子化的未來世界中被運用。

4-2-3 5G 電信基地台的基礎建設

完整的 5G 電信基礎建設，會區分成都會型基地台（Metro Cell），具有很多數量的多輸入多輸出系統（Multi-input Multi-output；MIMO），這些大基地台會串接到小基台（Small Cell）、各智慧辦公室（Smart office）使用的微型基地台（PicoCell）、固定無線接入系統（Fixed Wireless Access；FWA）、波束成型（Beamforming；BF）、路由器等，這些小基地台再串到移動終端，或是固定終端，例如：手機、汽車、智慧辦公室，或是智慧家庭等。

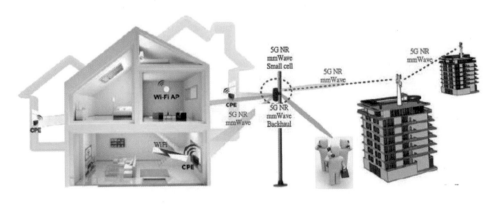

圖 4.10：基他台設置示意圖 （來源：Samsung）

圖 4.11：大基地台

圖 4.12：小基地台

　　真正使用到毫米波的地方，可能就是在多人使用的場合。例如智慧辦公室、演唱會、體育場，或是學校等利用毫米波的高速及多人下載性這些場合下仍可自由運用。其他個人使用及移動通訊，可能還是會用到 Sub 6 的頻寬。

　　這種基礎建設是配合成本、效率，及實用性的最佳方案，當然能夠實現全毫米波是最理想的境界，但是短期可能因基礎建設的問題，要實現的難度太高。

4-3 影響信號損耗的要素

　　相對的頻率越高，信號就越弱，如何在傳輸的過程中，減少信號損耗，使信號能有足夠的強度被接收，就要了解影響材料信號損耗的因子，再加以改善。

　　在傳輸信號的過程中，影響傳輸強度與距離的因素主要是電阻。下列影響信號損耗的主要原因有三項：

A. 導體的長度

　　導體越長，信號就越差。

B. 材料的介電常數（Dk）及介電損耗（Df）

　　介電常數及介電損耗越大，信號損耗越多。

C. 導體材料差異

　　根據導體材質不同，電阻大小也會不同，如導體的晶格不夠細緻、表面太過粗糙，皆會造成信號損耗越多。

4-3-1 介電常數 Dk 與介電損耗 Df 介紹

A. 介電常數 DK

材料皆會有不同大小的電偶極（Electric Dipole），當材料感受到外來電場 E 時，材料內部的極性電會重新排列，同時外來電場 E 會下降，而產生電容，我們將同樣形狀體積的材料和與真空的電容值的比值稱為介電常數（Relative Permittivity，或是 Dielectric Constant），或稱為誘電率，此與電場的頻率、溫度、濕度等其他參數有關，在真空狀態下才為絕對值。

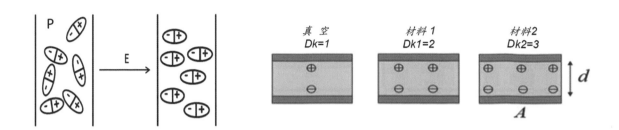

P
E

圖 4.13：外來電場 E

真 空
Dk=1
材料 1
Dk1=2
材料2
Dk2=3
d
A

圖 4.14：材料極化 vs. Dk

C (電容) = Dk x A (材料面積) / d (材料厚度)
材料極化↑ Dk↑ 電容↑
強 度
Low Dk
High Dk
Time
Td = 傳遞遲滯時間
Transmission Speed = LS / √Dk
LS = 光速
Td = L x (√DkH − √DkL) / LS
L = 傳輸距離

圖 4.15：傳送速度 vs. Dk

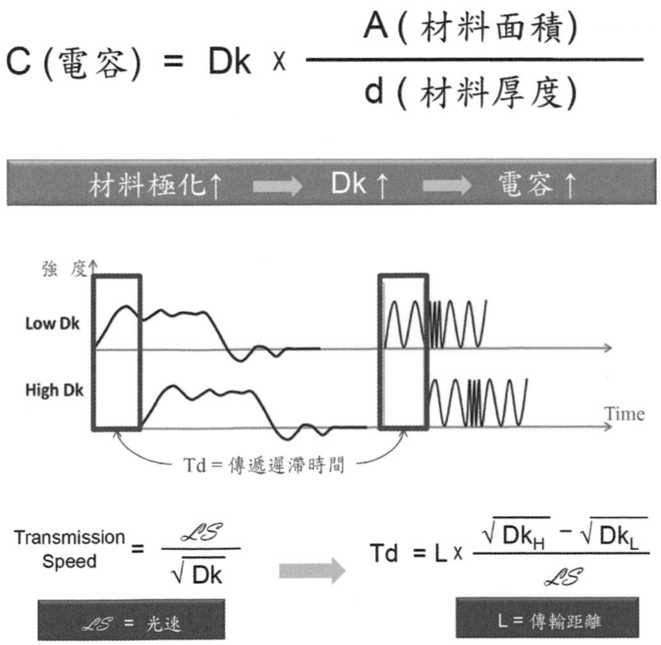

B. 介電損耗 Df

　　介電損耗是指介質在交變電場中，由於消耗部份電能而使電介質本身產生發熱的現象，因為介質中含有能導電的載流子，在外加電場作用下，產生導電電流，消耗掉一份電能，而轉為熱能。

　　目前常用介質損耗角正切量或稱介質損耗因數（Dielectric Dissipation Factor），物理表示為 $\tan\delta$ 來衡量介質損耗的大小。

4-3-2 影響信號損耗的因子

　　圖 4.16 表示影響信號損失的相關三大因子以及相關聯的次因子。三大因子分別是：

A. 導體長度

B. 導體損失，其中最大影響導體損失的是導體表層的集膚效應（Skin Effect）。

C. 介電損失，而影響介電損失的因子有材料的 Dk、Df，以及吸濕率。

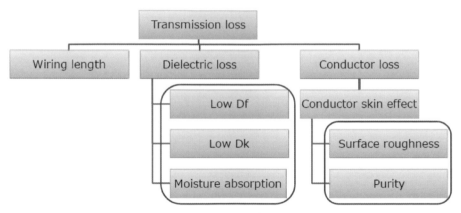

圖 4.16：影響信號損耗的因子表

　　相關的數值如下：

　　信號損失量（dB/m）＝導體長度的損失量＋導體損失量＋介質損失量，以下逐一解說。

　　①導體長度的損失量：

　　線路本身的長度，此為設計時已確定，設計只能儘量縮短線路的長度，此與材料本身無關，故不介紹這一部分的損失。

　　②導體損失量：

　　導體損失量主要是導體的集膚效應為 ε（Dk 介電常數）$\times\ \sqrt{\ }$ f（頻率）的關聯數。

③介電損失量：

介電損失量的因子有 Dk、Df 以及吸濕率為 $\sqrt{\varepsilon}$（Dk 介電常數）×tan δ（Df 介電損耗因素）×f（頻率）的關聯數。

圖 4.17：介電常數及導體損件的關連係數

要實現高速信號傳輸的產品，在軟板材料選擇面要克服的課題如下：

A. 線路設計要越短越好。

B. Df 介電損耗值（Dielectric Loss）小的材料，物理表示為 tan δ。

C. Dk 介電常數（Dielectric Constant）小的材料，以字母 ε 表示。

D. 導體損失（Conductor Lose）小的材料，例如導體材料的結晶細緻、表面光滑的材料。

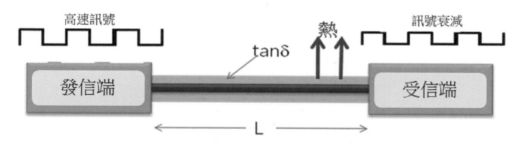

圖 4.18：介電損失和熱能的關係

另外信號的頻率也是信號損耗的一大要因，下圖 4.19 為信號頻率和信號損耗的關係表。

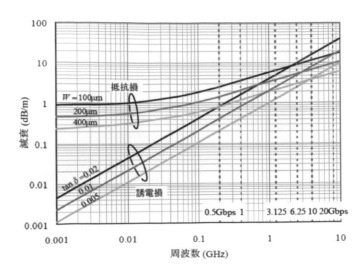

圖 4.19：信號頻率和信號損耗關係表（來源：Y.Usui,Signal Integrity）

　　由圖 4.19 得知在低周波時，信號損耗是很小的，但是到 3.1GHz 時，信號損耗約 1dB/m 頻率越高，損耗的量越多。

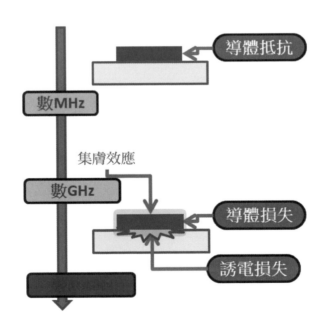

圖 4.20：高速信號傳輸下導體損失及介電損失會產生導線熱能

　　除了上述的 Dk、Df 的值要小之外，材料吸濕性也是一個要注意的課題，材料的吸濕，會讓材料的介電損失量變大。故在進行信號損耗測試時，除了在乾燥的環境下進行測試，也會在潮濕的環境下一併進行測試，未來在運用上才不會有問題。

4-3-3 材料厚度的與信號損耗的關係

$$C\,(電容)\ =\ Dk\ \times\ \frac{A\,(材料面積)}{d\,(材料厚度)}$$

由上述公式可以看出為了減少訊號傳送的損失，會傾向選擇厚度較厚的基材。

圖 4.21 說明了材料厚度和信號損失的關係，樣本疊構圖為 3 層疊構，中間信號線用 25um 高頻接著劑和液晶高分子（LCP）接合，最外層是銅，因要維持阻值為 50 歐姆，信號線的寬度是不一樣的。

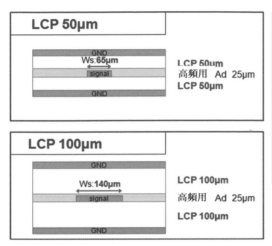

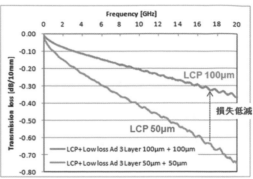

LCP 的厚膜化可以有效低減損失

圖 4.21：材料厚度的與信號損耗的關係（來源：MEK）

但材料厚度增加，會使軟板的加工變困難，使用傳統的模具加工時容易有毛屑產生的問題，有些廠商會使用電射切割去進行加工。

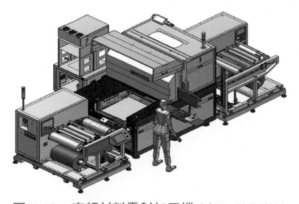

圖 4.22：高頻材料電射加工機（來源：鈦昇科技）

Material&thickness：LCP (50um)

UV Laser	Green Laser	Green (ENR)
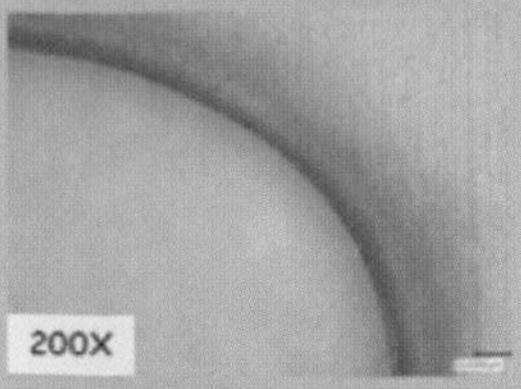 200X	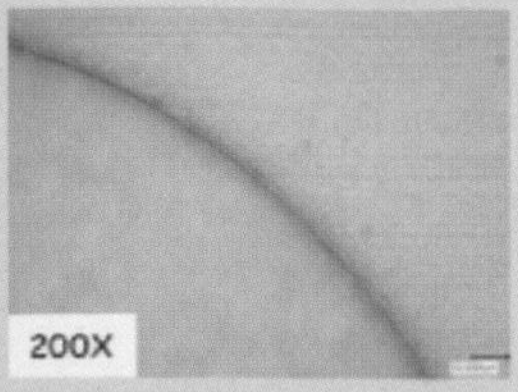 200X	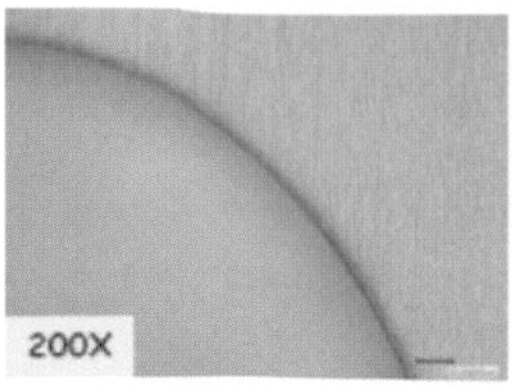 200X
Heat affected zone：50~70um Cutting efficiency：300 mm/s	Heat affected zone：5~10 um Cutting efficiency：225 mm/s	Heat affected zone：5~10 um Cutting efficiency：300 mm/s

1. UV laser cutting has a large heat-affected zone, and carbon black remains on the cutting path, which is not suitable for cutting LCP materials.
2. Green laser cutting efficiency is no good, but the heat affected zone and powder residue are small.
3. ENR-green laser has considerable cutting advantages for LCP materials.

圖 4.23：材料厚度的加工差異（LCP：50um）（來源：鈦昇科技）

　　另外表面盲孔加工（Surface Via Hole；SVH），一定要用雷射穿孔設備，但因材料厚度關係，雷射加工過程容易在盲孔底部產生碳化，造成電性導通不良，故需要將雷射加工條件設定好，減少碳化，以及利用一些特別的清潔方法，清除積碳。

圖 4.24：盲孔雷射加工不良積碳樣本圖

4-4 信號傳遞的評價：眼圖及 S21

問題除了 Dk、Df 這二項參數外，要比較材料的信號好壞還有二個很重要的參考值。

4-4-1 眼圖（Eye Pattern）

在高速信號下，0 和 1 的信號會重疊呈現出來。下圖 4.25 表示在 3bit 的信號下有（000）、（001）、（010）、（100）、（011）、（101）、（110）、（111）等 8 組信號線。以高頻信號產生器連續輸出這 8 組信號，經過待測導體後，在信號接收端以高頻數據分析儀器接收及分析這些接收到的信號。

信號經待測導體，因抖動、噪聲、及導體損耗等影響，這些信號徑接收端的分析儀器累計計算處理後，會顯示出「眼的形狀」，我們稱之為眼圖。

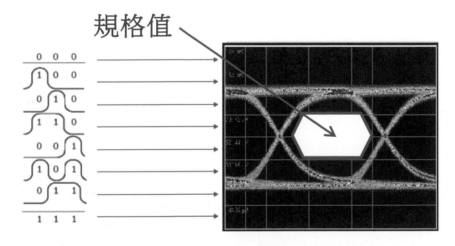

圖 4.25：眼圖

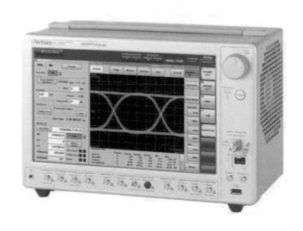

圖 4.26：高頻數據分析儀器（VNA）

上升時間 Tr（rise Time）的信號和下降時間 Tf（fall Time）的信號會交叉，而 2 Bit 的信號中出現類似眼睛的圖形出現，我們稱之為眼圖，在判斷上，眼睛的開口越大表示信號傳送得更好。

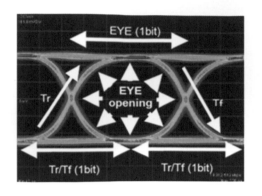

圖 4.27：眼圖原理示意圖

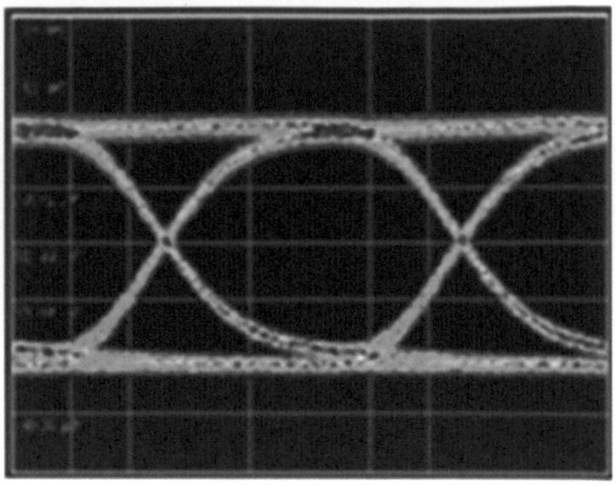

圖 4.28：眼圖樣本

液晶高分子（LCP）材料的眼圖比聚醯亞胺（PI）材料的眼圖大。由此可知傳輸品質會比較好。

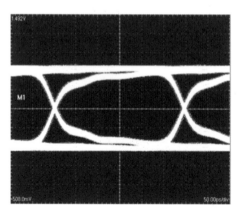
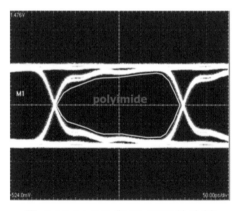

圖 4.29：PI 材料眼圖

圖 4.30：LCP 與 PI 眼圖的比較

4-4-2 傳送測定損失（S 參數，S21）

　　利用向量網路分析（Vector Network Analyzer；VNA），量測測試樣本的 S 參數，S21 圖表，即可穫得該測試樣本的信號的損失值，如圖 4.31 表示在 5GHz 頻率下，該測試樣本的信號傳送損失約 7db。S21 圖可以比較各材料信號傳送損失的優劣。

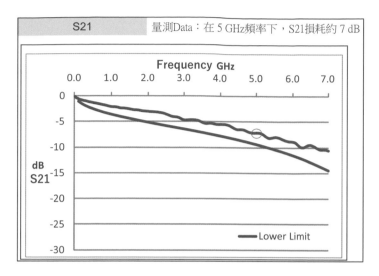

圖 4.31：傳送損失的 S21 圖示

　　S21 測試方法與條件，是在室溫下，準備一雙面軟板樣本，正面是單一信號線，長度為 100mm，可採用液晶高分子（LCP）、聚醯亞胺（PI）或改質聚醯亞胺（MPI）材料，厚度為 50μm 當基板材料（FCCL），無覆蓋保護膠片。

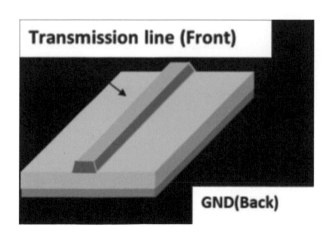

圖 4.32：S21 量測樣本

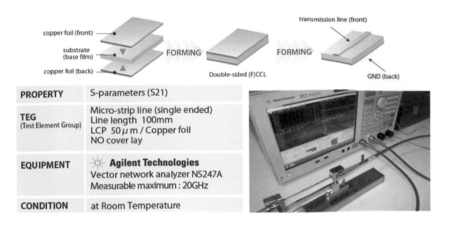

PROPERTY	S-parameters (S21)
TEG (Test Element Group)	Micro-strip line (single ended) Line length 100mm LCP 50μm / Copper foil NO cover lay
EQUIPMENT	☀ **Agilent Technologies** Vector network analyzer N5247A Measurable maximum : 20GHz
CONDITION	at Room Temperature

圖 4.33：S21 量測條件

　　如下圖方式配置測試線路，依這此條件所量測出來的值，即稱為 S21。目前安捷倫科技之 N5247A 設備可支援到最大量測範圍為為 20GHz。

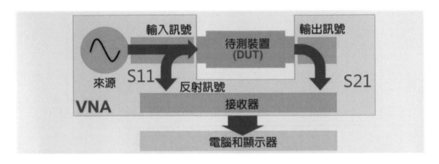

圖 4.34：S21 量測配線圖樣（來源：太克科技 VNA 基礎介紹）

　　下圖為液晶高分子（LCP）、聚醯亞胺（PI）材料的 S21 圖，由此可知液晶高分子（LCP）的信號傳送損失比聚醯亞胺（PI）小。

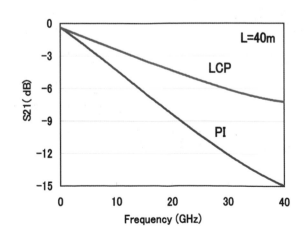

圖 4.35：聚醯亞胺（PI）及液晶高分子（LCP）材料的 S21 圖

5G 世代軟板高頻材料及微細線路製程簡介

4-5 軟板使用的高頻材料簡介

在 4G 時代使用傳統軟板聚醯亞胺（PI）材料的介電損失（Df）是 0.02，此損失值已無法對應 5G 信號的需求，目前比較有可能的取代材料為液晶高分子（Liquid Crystal Polymer；LCP）、環烯烴聚合物（Cyclo olefin polymer；COP）、聚四氟乙烯（Polytetrafluoroethylene；PTFE）。

上述各軟板材料的介電損失（Df）是聚四氟乙烯（PTFE）< 環烯烴聚合物（COP）< 液晶高分子（LCP）< 聚醯亞胺（PI）。

表 4.4：各高頻材料的 Df 比較表

介質總類 Dielectric kinds	介電損失 tan δ	損失比較 loss ratio
PI	0.02	1
LCP	0.002	0.1 （about 1/10）
COP	0.00039	0.002 （about 1/50）
PTFE	0.00020	0.001 （about 1/100）

液晶高分子（LCP）及環烯烴聚合物（COP）的熱可塑性不佳，加工比較困難，而聚四氟乙烯（PTFE）材料價格偏高，現在很多材料業者依現有聚醯亞胺（PI）材料進行改質，做成高頻材料，這類材料我們稱為改質聚醯亞胺（Modified PI；MPI）。

目前改質聚醯亞胺（MPI）材料主要有聚醯亞胺薄膜供應商達邁科技，以及軟性銅箔基板（FCCL）廠商台虹科技、新揚科技等供應。

圖 4.36：質聚醯亞胺（MPI）的樣本

現在對應高速傳輸的軟板材料將由聚醯亞胺（PI）變成改質聚醯亞胺（MPI），另一類是用液晶高分子（LCP），未來還會將改質聚醯亞胺（MPI）加入聚四氟乙烯（PTFE），做成含氟素的聚醯亞胺（PI），極有可能會產生比 LCP 介電損失（Df）更低的材料。

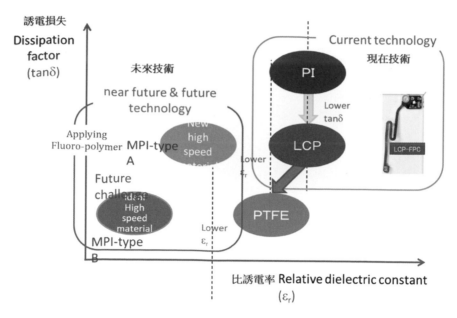

圖 4.37：高頻材料的開發表

4-5-1 改質聚醯亞胺（MPI）材料的介紹

改質聚醯亞胺（MPI）是將聚醯亞胺材料在原料及製程中將一些影響高速傳輸的要素做改良，如介電常數及吸濕性減少，改善信號損耗值。

基本上這些材料本質還是聚醯亞胺（PI），特性上能改善的最佳化還是有限，目前只能是高速材料的中間產品，在 Sub-6GHz 頻段以下的產品還可以運作，但使用於規格較高的產品，如天線基地台等產品，可能功能就會有問題。

改質聚醯亞胺（MPI）材料，基本上就是傳統的聚醯亞胺（PI）材料，供應商用現在的設備及製程即可進行加工，不需再進行大範圍的投資，材料取得也相對容易，所以在邁向 5G 的過程中，此材料也有存在的價值，後續會再探討如何讓改質聚醯亞胺（MPI）的材料能更優化，進而使產品的高速傳輸效果提升。

表 4.5：各廠牌的改質聚醯亞胺（MPI）Dk、Df 數據表（來源：各廠家目錄）

廠商	材料	料號	Dk	Df	頻率
Panasonic	LCP	R-F705S	3.3	0.002	10 GHz
NSCM	MPI	F series	3.3	0.0031	10 GHz
Doosan	MPI	Dsflex-600F	3.2	0.003	15 GHz
Tai flex	MPI	2FPKR125012JN	3.2	0.006	10 GHz
Thin flex	MPI	LK	2.8	0.005	10 GHz

4-5-2 液晶高分子材料的介紹

液晶高分子（Liquid Crystal Polymer；LCP）又稱高配向性高分子，是完全和聚醯亞胺（PI）材料不一樣的有機化合物，在使用上有很大的差異。

液晶高分子（LCP）材料有三種型號（表 4.6），各有不同的熔點及化學結構，應用上也不相同。

表 4.6：LCP 三種型號

型號	熱變型溫度(HDT)	熔點(Tm)	化學結構	應用
I	>270℃	>320℃		Heat-Resisting Connector SumiChem Sumikasuper Amoco Xyder
II	230~270℃	280~320℃		Connector Celanese-Ticona Vectra Polyplastics Laperos
III	<230℃	~240℃	OCH₂CH₂O	Engineering Plastics Fibers

目前常用的液晶高分子（LCP）材料為第二類型，熔點為 280℃ － 320℃。2018 年的液晶高分子（LCP）材料主要的供應商為日商村田製作所（Murata）及可樂麗株式會社（Kuraray）。2018 年起台灣各材料廠也極積研發液晶高分子（LCP）的材料，提供給各板廠及客戶使用。

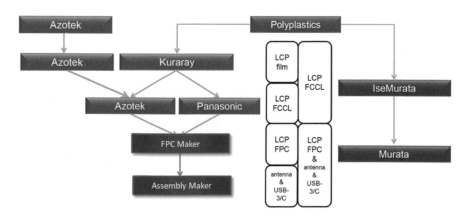

圖 4.38：LCP 材料關連供應鏈圖

LCP 材料有三大特徵：

A. 低誘電損失

在高頻範圍下液晶高分子材料（LCP）有較好的電氣特性。

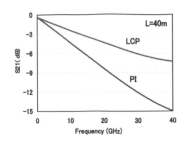 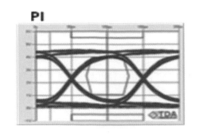 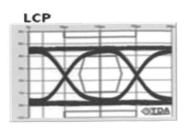

圖 4.39：LCP 及 PI 的 S21 及眼圖

B. 低彈性率，高屈曲性

在 Φ6mm 下可以撓折 300,000 回以上。

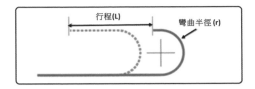

圖 4.40：液晶高分子材料（LCP）材料的耐撓曲性圖

C. 低吸濕性

因液晶高分子材料（LCP）的低吸濕性可以讓材料的 Dk、Df 保持很安定，因聚醯亞胺（PI）在天然環境下的吸濕性，相對於液晶高分子材料（LCP）的吸濕係數就很不安定。

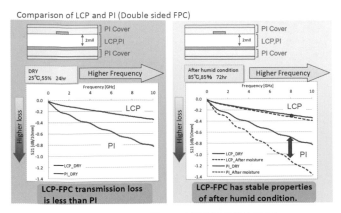

圖 4.41：LCP 及 PI 材料的吸濕性圖

液晶高分子（LCP）材料製作軟性銅箔基板的方法有兩種，分別為壓著法及塗佈法，介紹如下：

A. 壓著法（Lamination）

　　目前壓著法以日商使用居多，先利用吹膜法製成液晶高分子的薄膜，再用熱壓的方法將銅箔和液晶高分子薄膜進行熱壓合（圖 4.42）。但因是用吹膜產出的產品，所以薄膜厚度較難管控。

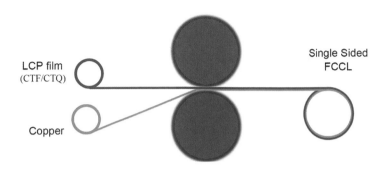

圖 4.42：壓著法

B. 塗佈法（Casting）

　　將液晶高分子（LCP）的熔液均勻地塗佈在銅箔上，再經乾燥及回火的熱製程即完成（圖 4.43）。因膜厚是塗佈出來的，薄膜厚度相對較均勻。

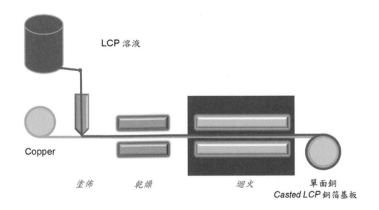

圖 4.43：塗佈法

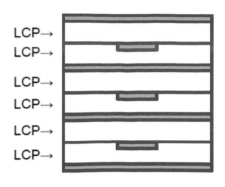

圖 4.44：ALL-LCP 構圖

目前液晶高分子（LCP）材料製作出的軟性銅箔基板（FCCL）有二種不同的方法，也各有優缺點，詳見下列介紹。

A. 全系列液晶高分子（ALL-LCP）

將液晶高分子（LCP）材料在高溫下熔解後並和銅箔接合而成。目前傳統液晶高分子（LCP）材料產品的做法是利用高溫熔接的方式，將要接合、作成線路並含有 LCP 材料的軟性銅箔基板材料層層疊加起來，再利用高溫高壓的壓著機將這些多層的材料熔接起來，使用此方法製作出來的產品我們稱為 ALL-LCP（圖 4.44）。

加工的方法，與第二章所提及的傳統軟板壓著製程類似，只是保護膠片的假貼合，本接著工程的設備溫度要很高，才能熔解材料，並將各層接合起來，這一高溫特性的需求，就會產生以下的問題要去克服。

因材料熔融溫度高（以 Kuraray 單面 280℃、Murata 320℃兩家材料為例），傳統製程的壓著條件約在 180℃，這表示在使用該材料時，需要使用很多新型壓著設備，相對會增加很多設備投資成本。

液晶高分子（LCP）材料的 Z 軸的熱膨脹係數（Z-CTE）是 150PPM/℃，相對於銅的熱膨脹係數 16PPM/℃要大很多，這在上下導通孔的銅的信賴性上會有很大的問題。

表 4.7：各材料 Z 軸 CTE 一覽表

Material	Z－CTE（ppm/℃）
Polyimide	60
LCP	150
Copper	16
Metal Paste	37

下圖可以看到在經過冷熱衝擊測試後，在通孔電鍍的孔環、銅導線會產生微裂的現象。

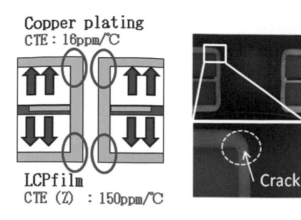

圖 4.45：熱膨脹係數（CTE）對通孔電鍍的影響

　　熱循環測試（溫度條件：40℃~125℃），進行樣品測試後，銅電鍍部位會發生微裂（圖4.46）。這會殘留可靠度信賴性的問題，對這問題後續需要繼續改善及對策。

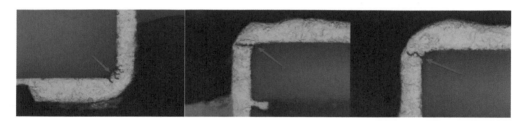

圖 4.46：微裂不良樣本

　　為改善這狀況，部份軟板製造商會在電鍍後追加以銅膏或銀膏的填孔製程，但是這些金屬填充物的熱膨脹係數由表 4.7 查出，也是約 37PPM/℃ 左右，雖然較沒有填孔的產品好，但是和液晶高分子（LCP）材料的熱膨脹系數 150PPM/℃ 還是有一段很大的差異，對信賴性的改善仍是有限，而運用在一些高信賴性產品上，必須要注意。

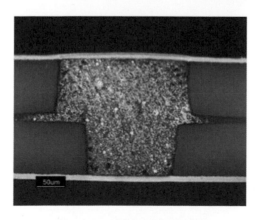

圖 4.47：填孔斷面相片圖

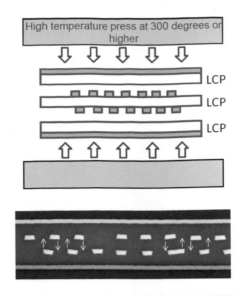

圖 4.48：LCP 材料壓著後線路漂浮圖

　　而材料壓著時材料會熔解，使線路產生漂浮現象（圖 4.48），這會影響線路的阻抗值，嚴重會導致線路有微短路的不良產生。

　　液晶高分子（LCP）材料在使用上逐漸普及，造成材料取得也成為問題，目前開始大量使用高頻材料，因一些技術及專利的問題，以致能製作此材料的供應商不多，導致單價高昂。而材料供應商也應該思考，LCP 是不是軟板高速傳輸的最佳材料？值不值得去設廠買專利投資？或是直接去開發更佳的材料？但隨著未來 5G 產品的普及，材料供應不足的問題，或許會獲得解決。

B. 以液晶高分子（LCP）為基底之混合材料（BS-LCP）

　　相較 ALL-LCP 的產品是用高溫將液晶高分子材料熔解，用半熔融的液晶高分子（LCP）去進行層和層之間的接合，另有一種接合方式是利用高頻專用的接著劑（Bonding Sheet，BS）去進行線路層和層之間的接合，我們稱之為 BS-LCP。

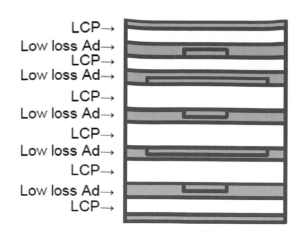

圖 4.49：以液晶高分子（LCP）為基底之混合材料的疊構

ALL-LCP 的製品在高溫壓著時，材料是呈半熔融的狀況，這時導線會隨壓力的大小而有異位或流動，此現象極有可能會造成導體的短路或是訊號的不穩定，此問題也是投入 ALL-LCP 製程的板廠要小心之處，而 BS-LCP 的方法是於線路及另一層銅箔基板間塗上一層厚的高頻接著劑（圖 4.50），這種製品的優點是壓合的溫度可以不必太高，當然液晶高分子材料沒有熔解的疑慮，導體也不會有流動的問題。

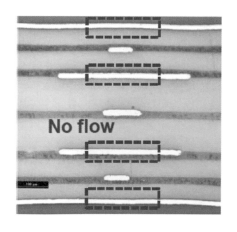

圖 4.50：BS-LCP 製品斷面圖

近期因性能頗佳的高頻專用膠 BS（Bonding Sheet）漸漸被開發出來，用 LCP 加 BS 的材料信號損耗並不會比 ALL-LCP 的材料差，不必投資特別高溫的壓著機，在產品的成本上及材料取得上是有利的，越來越多客戶改採 BS -LCP 製品做為軟板高頻材料。

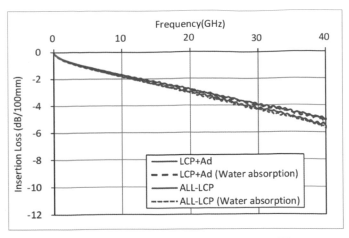

圖 4.51：ALL-LCP 及 BS-LCP S21 圖

目前市面上的液晶高分子（LCP）材料，皆是第二類型的，但有供應商開發出一款第一型的 LCP（熔點 350℃）材料（表 4.8），Df 值比第二類型的材料低、飽合吸濕率更低，以這種材料製成 BS-LCP 的高頻軟性銅箔基板，信號損耗的狀況會更改善。但因熔點太高，可能不太適用於 ALL-LCP 的製程。目前供應商正在研究降低第一型材料熔點的方法。期望未來也能應用在 ALL-LCP 的製程上。

表 4.8：第一型 LCP 及第二型 LCP 材料特性比較表

基本特性	單位	Vecstar	A社	
		CT-Q	CLS / CLD	MLS / MLD
表面電阻	Ω	2.2 x 10^{15}	2.3 x 10^{15}	3.3 x 10^{15}
體積電阻	Ω	3.5 x 10^{15}	3.6x 10^{15}	4.6x 10^{15}
崩潰電壓	kv / mil	6	5.7	6.5
Dk(XY), 10 GHz	—	3.1	3.1	3.1
Df(XY), 10 GHz	—	0.0022	0.0035	0.0016
飽和吸水率	%	0.04	0.4	0.07
熔　點	℃	310	NO	350

4-5-3 開發中的軟板高頻材料

為了改善液晶高分子（LCP）材料的一些缺點，現在廠商正著手開發將氟素材加入聚醯亞胺薄膜（Polyimide Film；PI Film）中，目前比較有成果的是使用聚四氟乙烯（PTFE）及可溶性聚四氟乙烯（Polyfluoroalkoxy；PFA）這二種原料。為了和傳統的沒有加氟的改質聚醯亞胺（MPI）有所區別，筆者定義這類材料為含氟之高性能聚醯亞胺（Added Fluoro Modify PI；AFMPI）。

含氟之高性能聚醯亞胺（AFMPI）目前在開發使用上，還是有很多的問題，例如和銅箔的接合強度不足、加工上無法吸收 UV 光，雷射加工的效果不佳，這些是有待改善的地方。

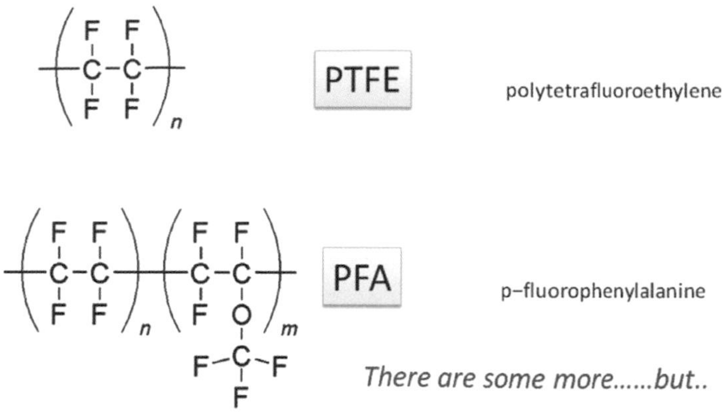

PTFE
polytetrafluoroethylene
PFA
p-fluorophenylalanine
There are some more......but..

圖 4.52：聚四氟乙烯（PTFE）及可溶性聚四氟乙烯（PFA）分子結構圖

目前含氟之高性能聚醯亞胺（AFMPI）的產品開發有二個方向，第一個方法是將氟素粉末和聚醯亞胺（PI）成膜前的液態前體，在混拌槽內一起混合攪拌，形成含有氟素的聚醯亞胺薄膜（圖 4.53）。再將這含有氟素的聚醯亞胺薄膜（PI Film）上下壓上銅箔，即可成為高速傳輸的銅箔基板（圖 4.53）。

PTFE 細粉分散液

PTFE Dispersion
PTFE Dispersing
Resin solution
Mixer

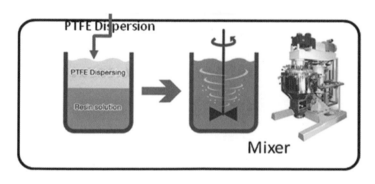

圖 4.53：聚四氟乙烯（PTFE）細粉分散液攪拌示意圖

Fluoro-polymer
Powder & Dispersion
FCCL
High-Speed Copper foil
PI mixed with
Fluoro-polymer powder

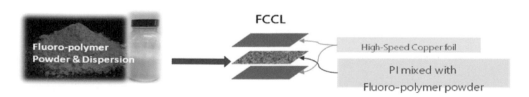

圖 4.54：含有氟素材的銅箔基板示意圖

依 AGC 公司提供的數據所示在 20GHz 時，材料的 Dk 值 2.03，Df 值是 0.0009。

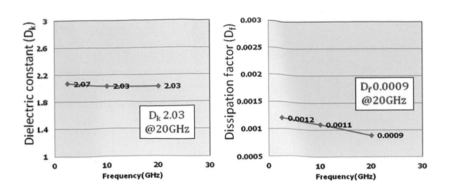

圖 4.55：含氟素材的聚醯亞胺（PI）Dk ／ Df 圖（來源：AGC Chemicals）

但這種方法只適合少數有能力做聚醯亞胺薄膜（PI Film）的供應商，且前驅階段的攪拌槽要和不含氟素原料的聚醯亞胺（PI）共用，在槽體的清潔上是很困難的，目前只能在小型的實驗槽及實驗線進行測試。另外要將纖維狀的聚四氟乙烯（PTFE）、可溶性聚四氟乙烯（PFA）很均勻的分佈在攪拌槽內也不是一件簡單的製程。為了要使信號損耗減少，聚醯亞胺（PI）必須加很多的氟素，導致和銅之間的拉力會變很差。

另一種方法是將聚四氟乙烯（PTFE）製成薄膜，再和聚醯亞胺薄膜（PI Film）壓在一起，然後上下再壓上銅箔（圖 4.56）。

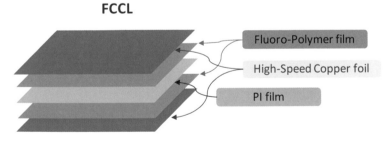

圖 4.56：將聚四氟乙烯（PTFE）膜、銅及聚醯亞胺薄膜（PI Film）貼合的銅箔基板結構圖

這種方法可以選用外購的聚醯亞胺（PI）、改質聚醯亞胺（MPI），或是氟素薄膜，所以在製程上是比較簡單。

依 AGC 的數據顯示，這種壓聚四氟乙烯（PTFE）膜的含氟之高性能聚醯亞胺（AFMPI），其信號損耗比液晶高分子（LCP）材料少（圖 4.57）。

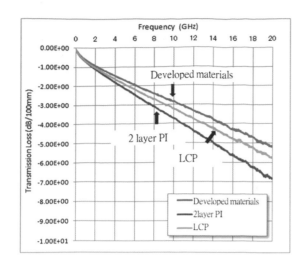 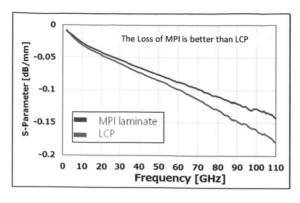

圖 4.57：聚四氟乙烯（PTFE）膜的含氟之高性能聚醯亞胺（AFMPI）材料信號損耗圖
（來源：AGC Chemicals）

這二種產品皆是未來高頻材料的研發重點，亦可在傳統的軟板製程中使用，不需要再另外投資設備。但因材料含有氟素，材料表面的接著強度不足，將是這種材料導入實用性的一個挑戰。

近期有一些廠家，研發了一款將可溶性聚四氟乙烯（PFA）和含氟素聚醯亞胺（PI）的材料同時射出塗佈，經測試和銅的拉力可達 1.5 KgF/CM、Dk 值為 2.7、Df 值為 0.0015，這也將是指日可待的產品。

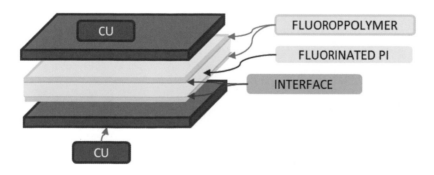

圖 4.58：一回形成的含氟之高性能聚醯亞胺（AFMPI）材結構圖

後續應會有更多的材料供應商會研發 Low Dk、Low Df 的材料，及含氟之高性能聚醯亞胺（AFMPI）材料等應是下世代取代液晶高分子（LCP）材料的明星產品。

4-6 高頻軟板用的銅箔開發

除了取代聚醯亞胺（PI）的低信號損耗基板膠片（Base Film）的開發外，信號損耗中還有一很大的影響要因，即導體損失值的降低，這主要關係到銅箔基板的銅箔的選擇。

電子信號在導體上傳送時，會有所謂的集膚效應（Skin Effect），即信號只會在導體的表面流動，而傳送速度越高，信號在表層的深度越淺。在高速信號傳送下，導體表面的粗糙度因集膚效應，會影響信號損耗的值，表面平滑的導體是有益於高速信號傳輸。

$$\text{Skin depth}\,(d) = \sqrt{\dfrac{2\rho}{2\pi f \cdot \mu_0 \cdot \mu r}} \qquad \begin{array}{l} f : \text{frequency} \\ \mu r : \text{permeability} \end{array}$$

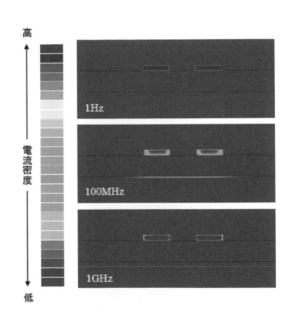

Frequency	Skin depth
1MHz	66 μm
1GHz	2.1 μm
10GHz	0.66 μm

圖 4.59：銅的集膚效應的頻率和深度對照圖

導體表面的粗糙度會影響銅箔基板的剝離強度，部份供應商會使用 Low Dk 的接著劑去改善，但相對的電氣特性也會變差，這一部份是未來各材料供應商需克服的一大課題。

目前有藥水供應商為改善高頻材料的拉力問題，也開發了特別處理的藥水，或許也是解決高頻材料拉力不足的改善方式之一。

表 4.9：電解銅及壓延銅和高頻材料料的拉力值比較表

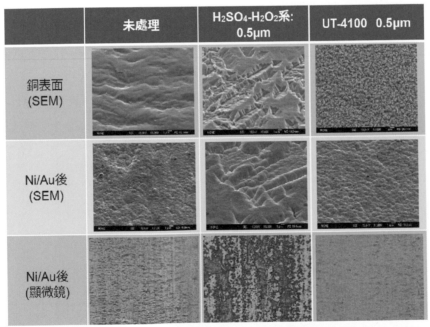

Interfacial Adhesion Strength

Kinds of Copper Foils	Rz_{jis} (μm)	PFA film Adhesion Strength (kN/m)	LCP film Adhesion Strength (kN/m)
ED (t=12μm)	1.2	1.4	0.7
RA (t=12μm)	0.6 low profile	1.3	0.6

Copper foil

Adhesion Strength

Film (PFA or LCP)

Lamination Conditions:
PFA: 320℃ X15min
LCP:305℃ X10min

來源：AGC

	未處理	H_2SO_4-H_2O_2系: 0.5μm	UT-4100 0.5μm
銅表面 (SEM)			
Ni/Au後 (SEM)			
Ni/Au後 (顯微鏡)			

圖 4.60：壓延銅（HA）以 45 度角利用光學顯微鏡 200 倍在電鍍厚 Ni/Au=1.0/0.05μm、SEM 表面 5000 倍，以藥水處理後的表面粗糙度的比較圖。

評價銅箔：電解銅箔　評價樹脂：LCP 厚度50μm

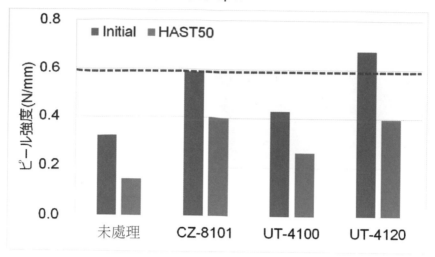

圖 4.61：藥液處理和拉力的比較圖（來源：美格 MEC）

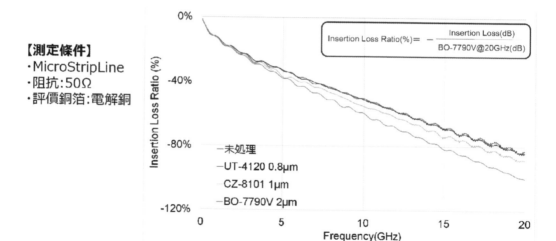

UT-4120的傳送損失率與未處理時幾乎相同

圖 4.62：藥水處理及信號損失比較圖（來源：美格）

　　因表面集膚效應，會使信號損耗轉變成熱能，而熱能又會使導線的阻值增加。未來在 5G 高頻材料的產品，散熱裝置的設計，將會是未來特別要重視的一部份。

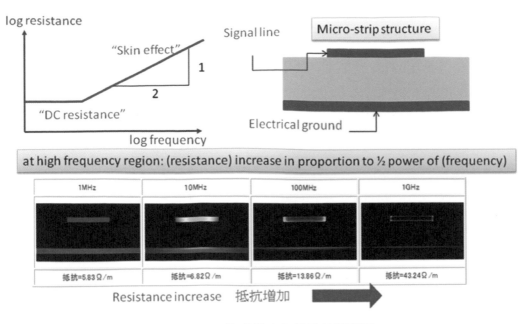

圖 4.63：集膚效應和熱能的關係圖

　　下圖 4.64 是一些專門為 5G 高頻材料所開發出的特別銅箔，有時為了要增加接力會特別鍍上銅瘤。銅瘤的大小及數量也是影響信號傳輸及貼合拉力強度。

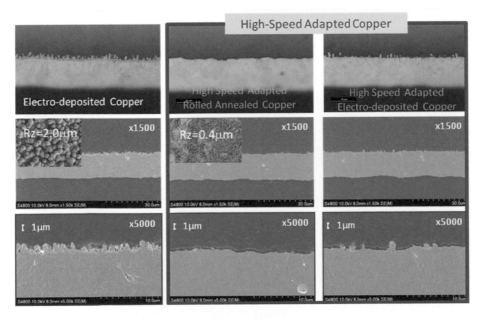

圖 4.64：因應 5G 需求的特別銅箔

本章小結

　　目前各國政府開放給 5G 的頻段是 3.6GHz-6GHz 的 Sub 6 及 25GHz-28GHz 頻段的毫米波段。但因毫米波的基地台架設問題多，很多會利用現有的 4G 基地台追加 5G 的小型基地台，供 Sub 6 產品使用。為使 5G 信號損耗改善，目前常用的材料是改質聚亞醯胺（MPI）、液晶高分子（LCP）及含氟之高性能聚醯亞胺（AFMPI）這三類。但是這三類產品皆還有很多的缺點待克服。同時為了改善銅箔的集膚效應，所造成的信號損耗及熱能，銅箔供應商也開發了一些高頻專用的銅箔，這些銅箔會造成銅箔基板接著力下降的狀況。5G 材料的評價除了信號損耗的改善外，還有提高銅箔基板材料的銅箔與聚醯亞胺面的接著拉力。

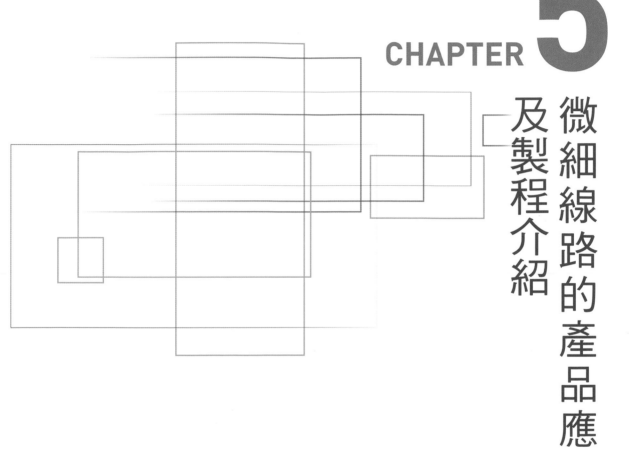

CHAPTER **5**

微細線路的產品應用及製程介紹

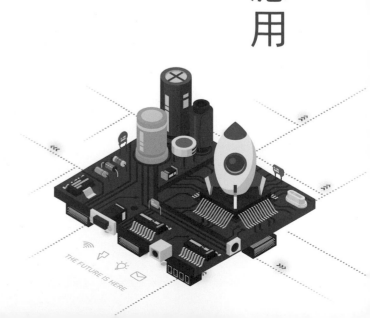

第五章：微細線路的產品應用及製程介紹

5G 時代很多產品為改善輕薄短少的問題，當線路的密度超過製品的空間時，會有二個方法來對應，即線路走向多層板化及線路微細化。

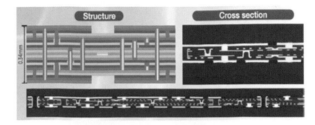

圖 5.1：4 層通孔 + 1 層盲孔 Structure

（來源 https：//mrmad.com.tw/airpods-2-generation-disassembly-analysis）

多層軟板有很多缺點，當層數過多，相對的撓曲性變差，軟板可撓性的優勢就消失了，且多層板相對的厚度會增加。以前產品的設計，以多層去對應或許還可以，但到 5G 時代，各類新產品會不斷地出現，其中很多穿戴式及醫療用產品體積會很小，在一些小型化的產品（例如智慧手錶）就沒有空間可以放多層軟板，對應方式只能考慮在載板的單位面積上增加線路的密度。減層法線路因蝕刻梯度的關係，線路的密度有一極限，當雙面板要做到線距（Pitch）60μm 以下，即要考量用半增層法（SAP）來製作這些高密度的軟板。

5-1 微細線路的產品應用

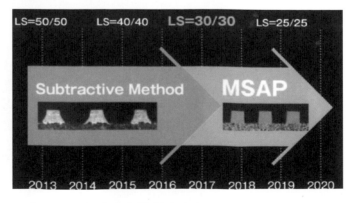

圖 5.2：微細線路製程分水嶺（來源：三井金屬目錄）

由上圖 5.2 可以看出線路線寬 / 線距 =30/30μm 應是減層法及半增層法應用的一分水嶺，當然業界有特別的乾膜加上特別含有添加劑的蝕刻藥液，可以用減層法去製作間距 60μm 以下的產品，但是基於成本高及產品的信賴性狀況不明，目前只用在很少的覆晶薄膜（Chip On Flex；COF）產品上。5G 時代的軟板製程變化，除了材料將由傳統的聚醯亞胺（PI）改成高頻高速材料外，另一大突破是由傳統的蝕刻方式（減層法）進行線路成形，會因線路密度提高，而漸漸有以半增層法生產微細線路的產品出現。

減層法線路的間距和銅厚度有一定的關係，要用減層法洗出細線路，一定要用很薄的銅材，下圖 5.3 是用一般的蝕刻藥液（氯化銅加雙氧水加鹽酸）所表示線路間距和銅厚的關係表。

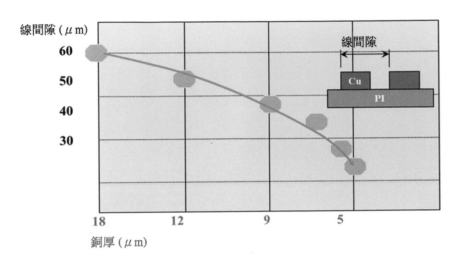

圖 5.3：線路的 Pitch 和銅厚的關係圖。

一般定義線路線間隙 60μm 以下的線路因蝕刻梯度的問題，已很難用傳統的減層蝕刻法去製作，改而用半增層法（SAP）去完成微細線路。

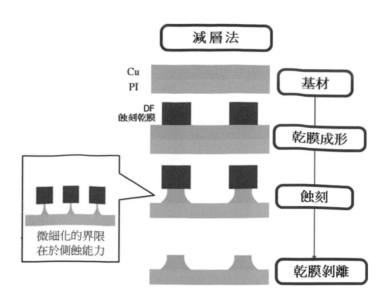

圖 5.4：減層法製造微細線路的問題

　　用半增層法加工的微細線路，主要應用在下列區域：

A. 當線路的密度過高，已沒有空間去用一般減層法線路去對應時，就會使用微細線路。隨著 5G 時代的來臨，產品會越多樣化，功能也會越來越多，一些產品開發的工程師會想辦法儘量去增加各項產品的功能，如智慧眼鏡，除了現有調整焦距，或是防止紫外線的太陽眼鏡，新一代的智慧眼鏡，已結合耳機，及相機的功能，另外一些醫療用品、AR/VR、IoT 等相關產品會隨功能增加，體積減少，而走向微細化線路。

B. 在 5G 世代，會有一些透明的產品大量開發出來，透明的材料可以用玻璃或是無色聚醯亞胺（CPI）當基材，但是為了要讓透明基材上的線路看不到，那要使用微細線路。 人的眼睛裸眼可以看的大小約是 $100\,\mu m$，線路小於 $30\,\mu m$ 是很難用眼睛看見，當產品需要透明時，使用微細線路使線路看不到，加上無色聚醯亞胺（CPI）的使用，這可以使整個世界創造出很大的透明產品市場。例如智慧型眼鏡、透明螢幕等等。

圖 5.5：小米透明電視（全球第一款量產的透明電視）
（來源：小米官網）

基於以上的二大區域，未來即有可能會使用微細線路的產品和市場會在下列的各項：

- 智慧手錶 / 手機 / 耳機
- 螢幕觸控面板
- VR、AR 產品
- 微發光二極體顯示器（Mini LED、Micro LED）
- 穿戴式設備
- 醫療用產品

5-1-1 微細線路運用在手機 / 手錶 / 耳機

這三樣產品是目前 3C 產品中，使用量最大的，大家為了追求更佳的附屬功能，及減輕重量，不斷地有功能更強的晶片出現，線路的規格已進到減層法的極限，多層線路有空間問題，應會很快有微細線路的需求出現。

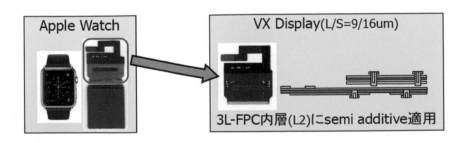

圖 5.6：智慧手錶使用微細線路樣本

5-1-2 螢幕、觸控面板

因手機窄邊框的要求，原先玻璃芯片（Chip On Glass；COG）的產品已改為覆晶薄膜（Chip On Flex；COF），覆晶薄膜（Chip On Flex；COF）大部份的線路皆是改良型半增層法（MSAP）製程，而觸控面板目前的線路間距已到 70 μm，可能在下一世代即會有微細線路的產品需求出現。

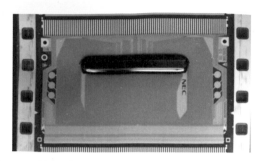

圖 5.7：覆晶薄膜（Chip On Flex；COF）產品

圖 5.8：COF 產品細線路

5-1-3 VR / AR 產品

有些 VR/AR 產品，要因透明所需，在眼鏡的鏡片設計出線路，同時要打上元件，這要讓產品的線路看不見，會要求線路微細化。同時配合 5G 的高速傳輸，很容易將所需的資料即時傳到眼鏡的螢幕上，將來如果智慧型眼鏡發展成功，加上智慧型耳機，這可能會取代智慧型手機的大部份功能。

圖 5.9：智慧型眼鏡
（來源：tw.news.yahoo.com）

圖 5.10：穿戴眼鏡
（來源：https：//jibaoviewer.com/project/583b7bb7cd439d0
d48f25686）

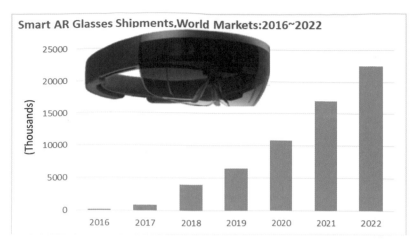

圖 5.11：全球智慧型 AR 眼鏡市場預估（2016-2022）
（來源：科技政策研究與資訊中心）

5-1-4 次毫米發光二極體、微發光二極體

我們定義 LED size $300\mu m$ -$100\mu m$ 為次毫米發光二極體（Mini LED），$100\mu m$ 以下為微發光二極體（Micro LED）。

Traditional LED

圖 5.12：Mini ／ Micro LED 示意圖

此一市場被視為是取代有機發光二極體（OLED）的下世代螢幕。

目前 Mini LED 已有小量的量產實績，用在背光模組及大型的戶外看板上，雖然目前的成本偏高，但是產品的信賴性及色差較有機發光二極體（OLED）佳，目前戶外的高解析度 Mini LED 看板已越來越普及化，使用於筆記型電腦及車載用的背光 Mini LED 也已有廠商在使用，相對 Micro LED 很多技術問題待克服，如巨量轉移的問題，目前還沒有到達可量產的階段，成本高昂，市場上極少使用，如果產品用到 LED Size 在 $100\mu m$ 以下，因 LED 密度太高，所搭載的基板會慢慢地使用微細線路。

5-1-5 穿戴式產品

　　隨著 5G 產品的普及化，未來會有更多新奇的穿戴式產品出現，這些大多是輕薄短小、方便攜帶、功能性強的產品，內部有很多精密的感應器，可以監測收集人體的生理數據，提供照護者，或是醫院所需的資料。

　　但這些裝置通常因空間有限，需要作成微細線路的製品，還有為了要貼合人體的皮膚，而製作成可伸縮材料的軟板。

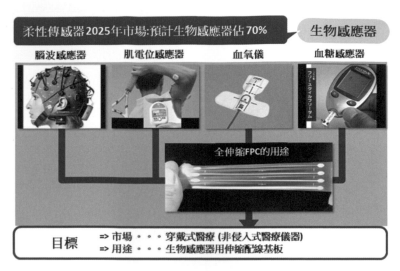

圖 5.13：全伸縮 FPC 的用途

5-1-6 醫療用品

　　隨身攜帶的醫療用品，包含醫療儀器、動物晶片等，配合穿戴式的產品，會植入人體中。這些產品，為了不造成使用者的不便，也會想辦法縮小體積而使用微細線路。

圖 5.14：人工眼視膜（智慧隱形眼鏡）
（來源：http://www.sachikonews.com/2014/01/google.html）

5-2 微細線路製程簡介

如下圖 5.15 是以減層法做成的線路，線距 50μm 的線路，銅厚是 9μm，如要線距 40μm 的線路，銅厚只能 5μm。

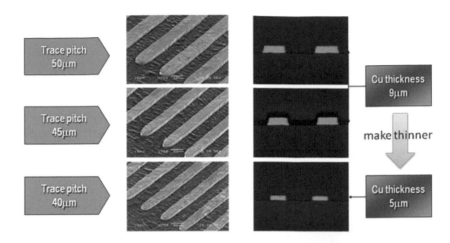

圖 5.15：線路 Pitch 和導體厚度圖

太薄的銅材在折曲時很容易產生微裂（Micro crack），同時以減層法去形成線路，又會有蝕刻梯度（Etching Factor）的問題很難克服；線路太接近，會有產品信賴性的問題，所以在線距 60μm 以下就會考量用半增層法（SAP）去製作線路。以下開始介紹半增層法的製程。

線路形成的方法主要有下列三種方法如（表 5.1）：

5-2-1 減層法 / 蝕刻法

5-2-2 半增層法（SAP）、改良型半增層法（MSAP）

5-2-3 直接增層法（DAP）

表 5.1：線路形成的方法

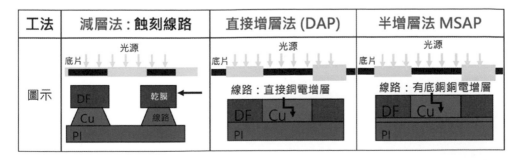

5-2-1 減層法 / 蝕刻法

目前軟板線路最常用蝕刻法，此方法於第二章已有詳細的說明，這是最基本的線路成形成方法，製程技術相當成熟，成本較低，但是因蝕刻法會有蝕刻梯度的問題，越厚的材料，線路越難微細化，當進入 5G 世代，部份產品需要微細線路，即需用其他線路的製造方式，例如用半增層法（SAP）去生產製作微細線路。

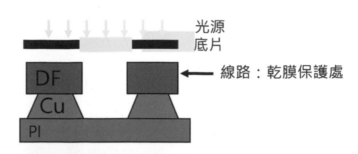

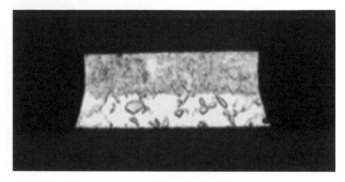

圖 5.16：減層法示意圖及樣本

5-2-2 半增層法（SAP）、改良型半增層法（MSAP）

此為主要對應微細線路製作的方法。軟板廠由聚醯亞胺（PI）上長出種子層（Seed Layer），再到微蝕刻製程去製作微細線路，此稱為半增層法（SAP），而另一種方法是購買已長出種子層的銅箔基板再進行後續線路形成的製程，此稱為改良型半增層法（Modify SAP；MSAP），因線路是用長出來的，只要製程條件控制佳，線路會是立體方形的，就沒有蝕刻梯度的問題。

光源

底片

線路：有底銅銅電增層

DF Cu

PI

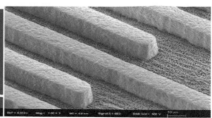

圖 5.17：半增層法的示意圖　　圖 5.18：微細線路斷面樣本　　圖 5.19：微細線路 SEM 樣本

　　半增層線路的基本流程如下圖 5.20。先在聚醯亞胺（PI）上長種子層，並在種子層上貼上乾膜，進行曝光、顯像、電鍍線路工程，將感光軟乾膜剝離，最後將不要的種子層用微蝕刻（Micro Etching）去除。

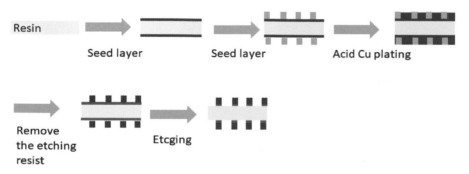

SAP: 半增層線路由買來的基板(Ex: PI 材) 自己長銅再進行線路的增層

Resin　　　　　Seed layer　　　　Seed layer　　　　Acid Cu plating

Remove the etching resist　　　　Etcging

PI上長銅是SAP品質最重要的一環, 會影响到線路的拉力及PI的清潔度
目前的長銅有PI表面處理法及特殊奈米PI添加法

圖 5.20：SAP 流程圖

5-2-3 直接增層法（Direct Added Pattern；DAP）

　　另外還有一種線路形成的方法，是直接在基板材（如聚醯亞胺、聚醯塑料）表層上成形導體，不需要種子層及微蝕刻，例如線路用金屬油墨直接印刷出來，這類製程一直有被開發出來，雖然還有一些問題，但有一些優勢，所以有其特用的市場。

　　目前比較常見的直接增層線路法（DAP ）有下列方法：

A. 印刷加層法（金屬油墨印刷法、金屬噴墨印刷法）

印刷加層法又分金屬油墨印刷法以及金屬噴墨印刷法。

首先介紹金屬油墨印刷法，印刷技術在印刷網板的設計及印刷對位上已很成熟，近日也對金屬印刷油墨做開發，並做運用。

其中的網版印刷因為使用的時間很久， 加上近期使用奈米金屬當導線，在一般的產品如觸控螢幕及無線射頻辨識（Radio Frequency Identification；RFID）上已有產品大量量產使用。

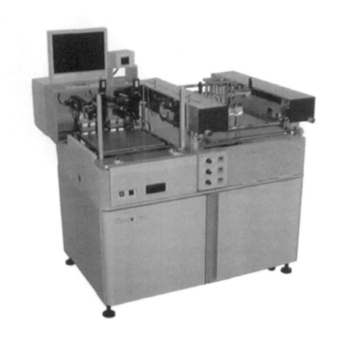

圖 5.21：網版印刷機

下圖 5.22 是台灣工研院（ITRI）的技術，可以將線路印製到 3 μm，同時可以使用捲對捲（Roll-To-Roll）方式生產，將原先 7 道製程串聯成一道製程，如果能再強化導電油墨和基板的附著力及克服導電油墨的阻抗值，未來這產品會很有競爭力。。

5G 世代軟板高頻材料及微細線路製程簡介

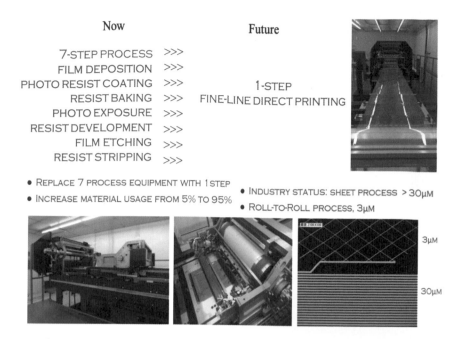

圖 5.22：台灣工研院的微細線路印刷製程及樣本 （來源：台灣工業技術研究院）

　　油墨印刷的墨水屬料是使用金屬粉末或是奈米級的金屬纖維，基板材料的選用可視需要而有多樣的選擇，例如無線射頻辨識產品，因為是一次性使用，可以使用成本較低的紙張或是塑膠，另外在穿戴式產品上，因製品有收縮的必要，可以用奈米金屬纖維印刷在聚氨酯（PU）或是熱塑性聚氨酯（TPU）上面，這樣產品即可有收縮的效果，這些材料相對於聚醯亞胺（PI）的後續廢棄物處理就簡單得多，且還可回收再利用。

圖 5.23：奈米銀線 （來源：百度文庫）

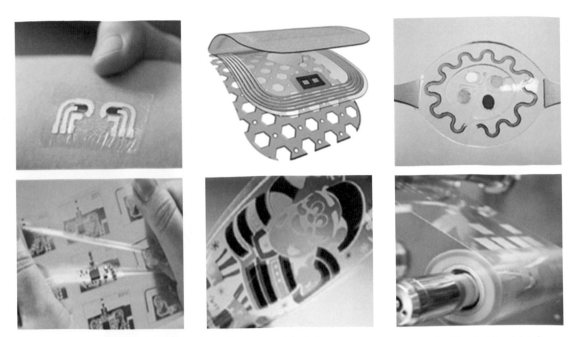

圖 5.24：熱塑性聚胺酯（TPU）材料的特性（來源： SoftSense Life Tech Pte Ltd.）

表 5.2：FPC/PCB/TPU 製品特性比較表

性能	PCB	FPC	TPU電路基板
可拉伸性	不可拉伸	不可拉伸	可拉伸60%
彎折性	不可彎折	可彎折	可彎折
水洗性	不可水洗（上防水噴塗）	防水	可在洗衣機洗滌
熔接於布料	不可	不可	可
配件組合	可/可精細複雜	可	可/只能簡單結構
耐高溫	250~360度C	200度C	80~120度C
易燃性	不易燃	不易燃	不易燃
生物相容性/舒適性	差/差	差/差	優異/優異
耐磨性	不佳	不佳	優異

　　另一種方式是用導電油墨印表機，這種技術有很多家印表機公司投入開發，也已經有一些專用印表機設備製造出來，但是因為基材的選擇性太少，和聚醯亞胺之間的附著力不佳，所以市面上量產的產品還是很少見，但是在 5G 世代，需要些一次性使用且不強調信賴性的簡單產品，這種方法因有成本上的優勢，或許是一種可以考量的方法。

5G 世代軟板高頻材料及微細線路製程簡介

圖 5.25：導電油墨印表機

（來源：https://www.printingnews.com/digital-inkjet/product/12232165/fujifilm-dimatix-inc）

C. 直接真空濺鍍法

- 線路微細化　線寬**10 μm**(目標5 μm以上)
- 製程簡化(3道製程)/綠色化 (低成本低汙染)
- 提升材料使用率達 **90%** 以上

圖 5.26：直接真空濺鍍圖

B. 直接真空濺鍍法

　　線路直接在聚醯亞胺或是基板材料上將線路增層出來，目前最常見的方法是用濺鍍的方法製作線路。這種方式在薄膜電晶體液晶顯示器（Thin film transistor liquid crystal display；TFT-LCD）的製程已大量量產，但 TFT-LCD 製程是濺鍍在玻璃上，軟板是濺鍍於軟板的材料上，二者材料差異很大。

　　因真空濺鍍的金屬層很薄，且真空濺鍍銅和聚醯亞胺的密合力不佳，濺鍍銅產品的信賴性不好，可能會考慮濺鍍上其他金屬。另外在濺鍍製程時，須有一罩板，在微細線路罩板的間距極微小，製作的難度以及光罩的成本極高，目前很少使用在軟板製程上。

　　除了上述的二種直接增層線路方法外，另外還有一些其他的方法，但皆因技術、產品信賴性以及成本的問題，離實用性還是有一段距離。

5-3 半增層法（SAP、MSAP）簡介

　　現在的導體線路製程，除了最基本的蝕刻法外，微細線路主要還是以半增層線路法為主流，半增層線路的製程是先在聚醯亞胺表層附上一層 $2\mu m$ 以下薄的金屬種子層，再將種子層上增層鍍出線路，並利用微蝕刻去除不必要的金屬種子層，而形成微細線路。（圖 5.27）

SAP: 半增層線路由買來的基板(Ex: PI 材)自己長銅再進行線路的增層

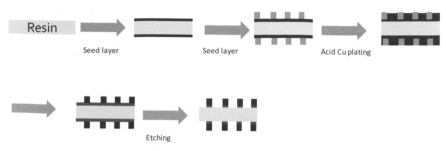

圖 5.27：SAP 製程示意圖

　　另有一種比較簡單的製程 MSAP（Modify SAP），即板廠購入已經長好 $2\mu m$ 以下金屬種子層的銅箔基板，由板廠開始進行增層線路製程，我們稱之為 MSAP，這樣板廠可以節省製作種子層的投資，對種子層的技術也不必深入了解，板廠在開始考慮導入製作微細線路初期，產品的數量還很少時，MSAP 是比較好的選擇。（圖 5.28）

MSAP:
長種子層由銅箔基板廠進行

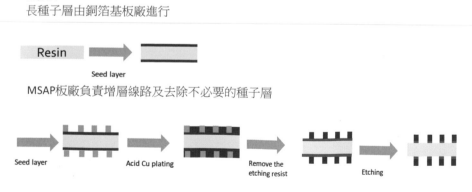

圖 5.28：MSAP 製程示意圖

　　另依種子層長成的方式，主要有下列三種方法：

A. 物理乾性真空濺鍍法。

5G 世代軟板高頻材料及微細線路製程簡介

B. 化學濕式藥水法，其中依介質附著在聚醯亞胺 的狀況又分開環法及閉環法。

C. 壓著法。

　　當然這三種方法各有其優缺點（表 5.3），在開始要導入半增層微細製程時，必須要做好仔細評估，以決定選用何種方式。

表 5.3：半增層線優缺點比較表

	壓合材料 塗布材料	金屬化材料	
		濺鍍，電鍍法 （乾式，濕式）	濕式電鍍法 （濕式，濕式）
FCCL 構造	粗化銅箔（＞8μm） PI 將粗化銅箔與 PI 黏合或是 將 PI 前體塗布，硬化	電解銅鍍層（＜8μm） PI Ni/Cr種子層 使用濺鍍形成種子層 使用電解電鍍形成導體層	電解銅鍍層（＜8μm） PI Ni種子層 使用無電解電鍍形成種子層 使用電解電鍍形成導體層
特徵　長處	FCCL 成本：低價	有利於微細線路 （結合界面平滑 可調整 CU 厚度）	FCCL 成本：低價 有利於微細線路 （結合界面平滑 可調整 CU 厚度） 雙面處理：一概處理
特徵　短處	難以對應微細線路 （結合界面粗糙，銅箔偏厚	FCCL 成本：高價 需要剝離種子層 雙面 FCCL: 濺鍍 2 次	需要剝離種子層
用途	FPC（Flexible Printed Circuit）	COF（Chip on Film）	FPC/COF

　　另有一種由厚銅利用全面微蝕方式將厚銅半蝕刻成 2μm-4μm 的薄銅，以這薄銅當半增層線路種子層的方式。這方法因種子層的厚度過厚，最後洗出來的線路不工整，且無法太微細，同時該製程的加工法很簡單且無實用性，本書就不再著墨特別介紹

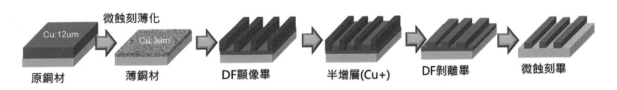

圖 5.29：半蝕刻薄化種子層法

微細線路可以定義：凡是用減層蝕刻法因線路過細無法製作的線路皆可通稱為"微細線路"，一般單面板在線距 40μm 以下，雙面線距 60μm 以下的線路，皆可稱微細線路。

下面圖 5.31 說明傳統蝕刻法，及微細線路半增層法的差別。蝕刻法是用蝕刻藥液將不要的銅箔蝕刻掉，留下線路的銅箔。半增層法是利用種子層當電鍍銅的導電線，將要的銅導線用藥水電鍍長出來，再將不要的種子層微蝕刻掉。

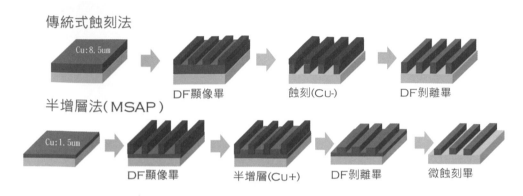

圖 5.30：蝕刻法及半增層法的差異流程圖

5-4 種子層的生成方法

半增層法製程（SAP）和減層線路製程的銅箔基板最大的差別是半增層法製程要有一層 2μm 以下厚度的金屬種子層。

一般的減層法的銅箔基板（FCCL）的製作方法有下列三種方法：

METHOD	PROCESS	CROSS SECTION	CHARACTERISTIC	APPLICATION
SPUTTERING	Sputter + Electro-Plating	Copper Layer 1~13μm / Polyimide Film	⊟ EASY CONTROL OF CU THICKNESS ⊟ SUITABLE FOR FINE PATTERN ⊟ APPLY TO GENERAL ETCHING PROCESS ⊟ EXCELLENT DIMENSIONAL RELIABILITY ⊟ HIGH COST	COF(CHIP ON FILM)
CASTING	Polyimide Varnish / Oven / Copper Foil	Copper Foil 6~35μm / Polyimide (Coating & Curing)	⊟ GOOD PEEL STRENGTH ⊟ EASY CONTROL OF PI FILM ⊟ LOW TRANSMITTANCE ⊟ RESIDUE PROBLEM AFTER ETCHING ⊟ UNSUITABLE FOR FINE PITCH ⊟ LOW COST	FPCB(FLEXIBLE PCB)
LAMINATING	Adhesive or TPI [2] / Copper Foil / Roll / Polyimide	Copper Foil 12~70μm / Adhesive / Polyimide Film	⊟ GOOD PEEL STRENGTH ⊟ LOW TRANSMITTANCE ⊟ BAD FATIGUE CHARACTERISTIC OF EPOXY ⊟ UNSUITABLE FINE PITCH ⊟ LOW COST	

A. 濺鍍法（Sputtering）

　　濺鍍的製程是先在聚醯亞胺表面利用真空濺鍍機在聚醯亞胺表面鍍上一層薄薄的金屬，可能只有數奈米的厚度，再以電鍍的方式鍍出所需厚度的銅箔基板，銅的厚度可在 1μm-18μm，以這種方法要製作厚度 2μm 以下的銅，當成半增層材料的金屬種子層當然也是可以的。

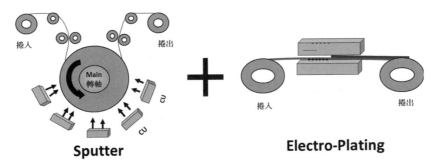

圖 5.31：Sputter ＋ Electro-Plating

B. 塗佈法（Casting）

　　塗佈法是在銅上塗上一層液態聚醯亞胺再經熱烤爐（Oven）將聚醯亞胺層烤乾。因是用銅箔做為塗佈線的載具，為求材料的運送順利，銅箔不能太薄，否則容易拉

斷或變形，銅箔的厚度目前最少須在 6μm 以上。這種材料對半增層法製程（SAP）來說，最後要微蝕掉這 6μm 的種子層，因微蝕刻量過大，微蝕後線路的形狀很難看，且微蝕的時間要很長，以這種材料使用在半增層線路上，是會有問題的。

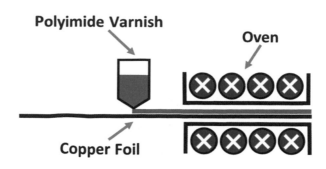

圖 5.32：塗佈法

C. 壓著法（Lamination）

壓著法是將聚醯亞胺和銅熱壓接合在一起。聚醯亞胺成形後是很難再液化，所以會以熱可塑性聚醯亞胺（TPI）當作接著劑黏合。這種方法銅箔是在滾軸上和聚醯亞胺進行熱壓著。太薄的銅材很難作業，傳統的壓著法並不適合進行厚度太薄的種子層製作，但有一種利用支撐材（Carry Sheet），通常為銅張板，將 1-2μm 的薄銅和一層厚的支撐材貼合，貼合完畢的二層銅會形成厚銅，利用這厚銅去進行傳統的壓著法，最後再將支撐材的銅張板去除，即可以做出 1-2μm 的種子層做為改良式半增層法的材料。

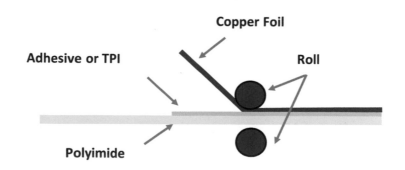

圖 5.33：壓著法

減層蝕刻法的銅箔基板製程因銅材厚大都在 6μm 以上，要做成半增層法製程 2μm 以下的種子層，以濺鍍法及改善式的壓著法是可行的，塗佈法是無法使用。

接下去介紹半增層線路附有種子層的基板膠片製作方法，主要有下列兩種方法（圖 5.34）。

A. 乾式真空濺鍍法

在聚醯亞胺的表面先用電漿的方式在表面進行改質，再以真空濺鍍的方式附上一層極薄的金屬，再利用電鍍的方式鍍到所需求的銅箔厚度。濺鍍銅其方法和減層法基板膠片類似。（圖 5.34）

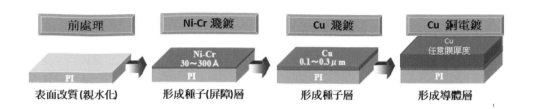

圖 5.34：真空濺鍍種子層生成的方法

B. 濕式電鍍法

利用聚醯亞胺會溶於鹼性藥液的特性，先以鹼性藥液將表面改質，再將一些金屬的離子吸附於表層上，再以電鍍的方式將銅箔電鍍到所需的厚度。

依聚醯亞胺表層破壞的狀況，又分成①化學開環法及②化學閉環法。

①開環法：聚醯亞胺的表層鍵被破壞，以利吸附金屬離子，再電鍍銅到所需的厚度。

②閉環法：利用聚醯亞胺內混入奈米級大小的矽，將表層的奈米矽除去，形成奈米孔洞，將孔內表面帶正電的聚醯亞胺去吸附金屬離子，再經電鍍銅到所需要的種子層的厚度。

濕式電鍍法製程全在濕製程設備下作業，要進行捲對捲的製程設計相對簡單（圖 5.36）。

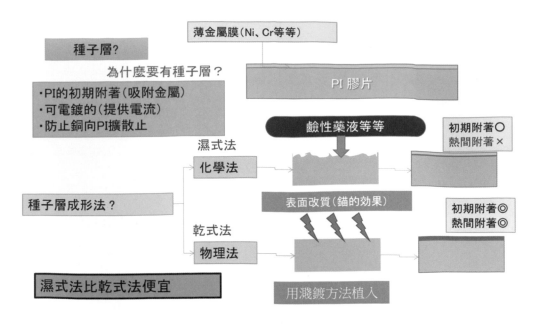

圖 5.35：乾濕式種子層生成方法的特性比較

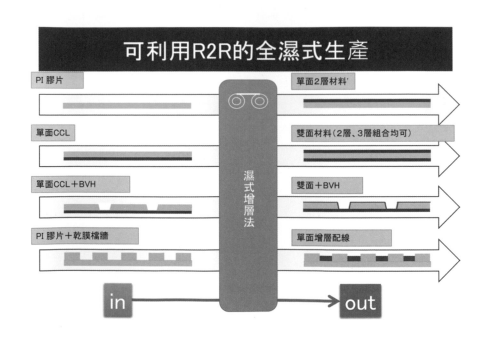

圖 5.36：可利用 R2R 的全溼式生產

　　另有一種壓著法，種子層是貼上去，不是長上去的，也可以製作改良型半增層法（MSAP）微細線路的基板材料（FCCL）。針對各種子層的生成方式，我們會在下一章進行詳細的介紹。

5-5 半增層法製程介紹

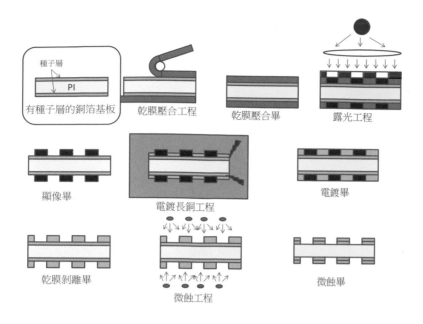

圖 5.37：半增層法製程介紹

5-5-1 半增層法材料聚醯亞胺的選定

半增層法聚醯亞胺材料的選定，基本上還是主要看終端產品的材料特性需求而定，同時要考量和金屬種子層的接合強度，增強導體的拉力值去決定。材料一般會分成二大類。

① 沒有添加其他觸媒的聚醯亞胺，這一種聚醯亞胺和減層法所選用的材料基本上是一樣的，而材料的選定主要是看產品的應用面，例如透明材所需，就選用透明聚醯亞胺（CPI）；覆晶薄膜（COF）可以選用高剛性、尺寸安定較佳的聚醯亞胺；如果對成本比較重視，也可以用一些便宜的聚醯亞胺材料。如果是高頻材料用，也可以用改質型聚醯亞胺（MPI）或是含氟之高性能聚醯亞胺（AFMPI），選用 AFMPI此材料時，因表層或裡面含有氟素原料，會讓拉力降低，此方面的研究資料比較少；如果選用液晶高分子（LCP）當高頻材料，用乾式真空濺鍍法應該可以製成毫米波等級的高速傳輸微細產品。

一般微細線路使用的材料，對尺寸的安定性很較重視，所以選用的聚醯亞胺會是高剛性的材料，同時為加強半增層法的線路拉力值，會在表層做一些改質，例如在濺鍍前會先用電漿去改質，故在選用材料時也要一併考量改質的方法以及改質的條件，去增加材料的拉力值。

目前微細線路材料種子層和聚醯亞胺的拉力相較減層線路材料要低，所以產品並不建議做太多回數的繞曲，聚醯亞胺材料厚度也不建議太薄，以避免在生產或是組裝時發生線路剝離的狀況。

5-5-2 有添加觸媒或是奈米金屬的聚醯亞胺

　　有一些化學濕式電鍍法，為了加強介質和金屬的接合力，會在聚醯亞胺的原材中加入觸媒或是奈米元素，這一種方法和先前介紹的含氟之高性能聚醯亞胺高頻材料的製程很類似，在聚醯亞胺還是液體的先期階段即加入這些觸媒或是奈米元素，進行充份均勻的攪拌，因聚醯亞胺添材料加了觸媒或是奈米金屬，材料與種子層的拉力強度相對安定。當然這種材料也只適用在少數有能力去製作聚醯亞胺材料的供應商。

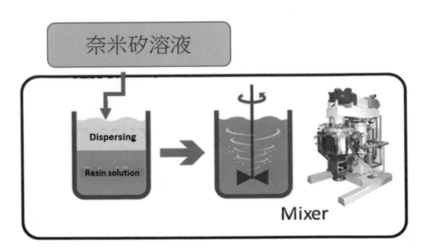

圖 5.38：奈米矽溶液加入攪拌槽示意圖

5-5-3 乾膜的選定

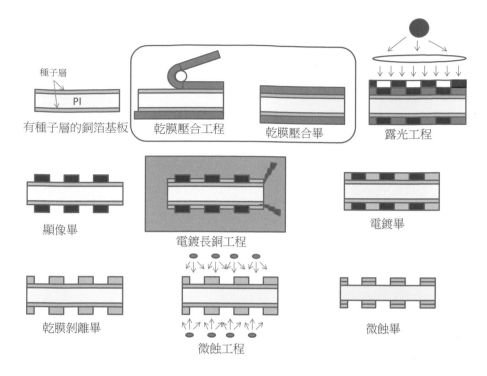

種子層

PI

有種子層的銅箔基板　　　乾膜壓合工程　　　乾膜壓合畢　　　　　露光工程

顯像畢　　　　　　　　　　電鍍長銅工程　　　　　　　　　　　電鍍畢

乾膜剝離畢　　　　　　　　微蝕工程　　　　　　　　　　　　微蝕畢

圖 5.39：乾膜的選定流程圖

　　一般的乾膜分成三層，第一層是聚脂類薄膜（PET），中間是光阻膠層，最下層為聚乙烯（PE）保護膜。

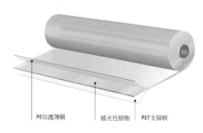

PE保護薄膜　　感光性樹脂　　PET支撐膜

圖 5.40：減層法用乾膜　　　圖 5.41：半增層法用乾膜　　　圖 5.42：乾膜結構圖

　　聚脂類薄膜（PET）除了保護中間的光阻膠層外，並且要能穿透 UV 紫外線的功能，中間光阻膠層是乾膜的主要原料。

表 5.5 光阻膠原料表

中文組成份名稱	英文名稱	材料特性
光敏劑	Sensitizer	是一種能吸收紫外光，經激發發生光化學變化，產生具有引發聚合能力的物質（自由基或陽離子）。
感光起始劑	Photoinitiator	在紫外光線照射下，感光起始劑吸收紫外光（320~380 nm 波長）的能量產生自由基，自由基再進一步引發光聚合單體的交聯（crosslink）。
光聚合單體	Monomer	它是乾膜的主要組份，在感光起始劑的存在下，經紫外光照射發生聚合反應。
遮蔽劑	Inhibitor	讓光阻劑未曝光時不會產生聚合反應，可以延長存放壽命。
粘結劑	Binder	主要為含酸基的可塑性高分子，目的在使光組劑各組成份黏結成膜，並在顯像及剝膜時與鹼液作用。

各家乾膜廠牌的聚脂類薄膜（PET）及光阻原料的穿透率不同，所以曝光的能量也會不一樣。

最下層的聚乙烯（PE）膜，主要是在保護乾膜。乾膜和銅箔基板（FCCL）壓合前，能輕易的和乾膜的光阻膠層分離，使光阻層可以緊密的和種子層貼合。

光阻膠選定的目的是可以達到光阻最佳工作區間，進而能準確的能量控制 。

以乾膜曝光而言，為了得到最佳乾膜解析能力，曝光能量約有 ±10% 的容許區間，這也是對能量均勻度的基本要求，當線路愈細及線寬公差要求愈嚴格時，對均勻度的要求也會更嚴格 。

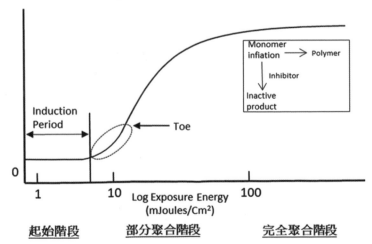

圖 5.43：光阻反應區間圖

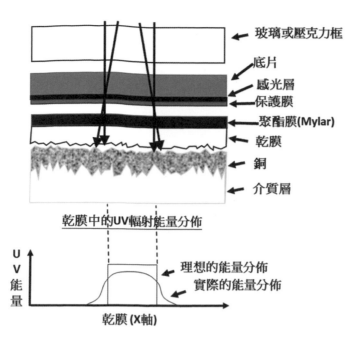

圖 5.44：乾膜 / 光罩 / 曝光機反應示意圖

　　乾膜的選定是很重要的要項，其考量主要有下列數項：

A. 乾膜厚度的選定

　　應該要比微細線路的導體厚度再加厚一些，如果厚度不足，長出線路過程，線路會高過乾膜的高度，而長出類似香菇狀的線路，嚴重會形成導體短路。

圖 5.45：香菇狀的線路

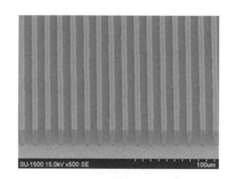

圖 5.46：乾膜厚度不足樣本

B. 光阻與銅面附著力要足夠

　　如果附著力不足，乾膜會在長出線路的過程中，發生乾膜剝離，使得電鍍液滲入，而在乾膜的底部鍍上銅，線路會由乾膜的下方橫向長出，而形成銅殘。（圖 5.47、圖 5.48）

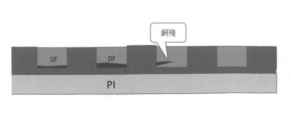

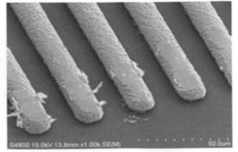

圖 5.47：銅殘發生示意圖　　　　　　　圖 5.48：銅殘樣本

　　乾膜附著力的改善，可以由乾膜的壓著條件，或是種子層的表面清潔及粗糙的狀況去加強，有些板廠為加強附著力，會在乾膜壓合前再加一回的酸洗工程，以加強乾膜和種子層的附著力。

C. 曝光顯像後光阻側壁底部垂直度

　　顯像後的乾膜側壁底部垂直度，是影響線路斷面垂直的一大因素。如垂直度不佳，特別是在底部的位置有乾膜殘留，會有殘足（Undercut）的現象。

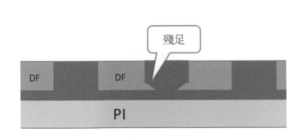

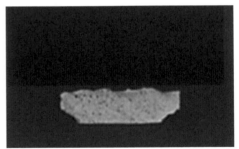

圖 5.49：殘足　　　　　　　　　　圖 5.50：殘足樣本切片圖

　　改善方法是選用解析度良好的乾膜，並且設定好曝光的條件，有些廠商為確保線路的信賴性，會用電漿或是藥液在乾膜貼合前先進行一回處理，以確保貼合正常。

D. 乾膜顯像剝離粒子細緻化

　　乾膜在顯像及剝離工程中，會裂化成細小的碎片，並且能溶解於顯像液及剝離液中，這樣才能使顯像後的乾膜垂直度佳，以及剝離後的乾膜不會殘留（勾在線路上）在線路上。

　　這部份除了要注意選用的乾膜品質外，還要考量相關顯像液及剝離藥液的匹配性，如有必要也須特別選用一些含添加劑的藥液，但這可能增加一些成本。

E. 達到最佳光阻解析能力

當線路是高立體比，線路的厚度越厚，要形成細線路越難，具有高解析度的乾膜，才能製作出又細又厚的線路。

圖 5.51：光阻圖形（來源：旭化成網頁）

乾膜又分正片乾膜及負片乾膜。在一般的減層法是蝕刻線路，用負片會比較好。但是半增層法是長線路，用負片乾膜容易產生殘足，選擇用正片乾膜會比較有利。

另外有一種濕式乾膜，在乾膜壓合時，於銅與乾膜之間，附上一層很薄的水膜，可以改善原材料製程表面因打折痕造成的線路不良。這類濕式乾膜是可以考量使用在微細線路的製程上，但缺點是材料成本較高，且乾膜壓合機要改造。

圖 5.52：一般乾膜壓合機

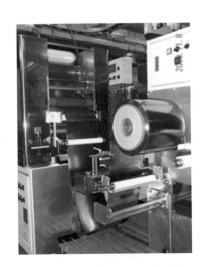

圖 5.53：濕式乾膜壓合機

半增層法的乾膜壓著和第二章介紹的減層法乾膜壓著方法相同，只要特別注意材料壓著區的環境清潔度即可，這裡就不特別介紹。

5-5-4 曝光方法

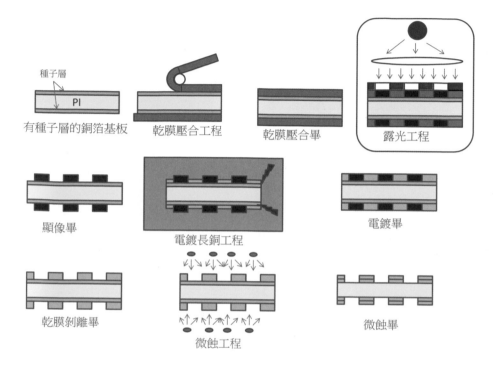

種子層

PI

有種子層的銅箔基板　　乾膜壓合工程　　乾膜壓合畢　　露光工程

顯像畢　　電鍍長銅工程　　電鍍畢

乾膜剝離畢　　微蝕工程　　微蝕畢

圖 5.54：曝光流程示意圖

　　曝光主要作用是利用曝光機的 UV 光提供給乾膜足夠的能量，重點是 UV 光要集中，不能有太多的散射或繞射，同時又要能有足夠的均勻性，這樣乾膜顯像出來才會有良好的立體形狀，各部位的線路也才能均一。

　　選擇曝光機要考量下列的要項：

A. 照度的均勻性

　　判定方法是在整個曝光面劃分成多個區域，在各區域量測其照度。

　　取各區域量測到照度的最大值及最小值，最大值和最小值的差不能過大，當我們設定細線路的線距越小時，可以容許的 Max-Min 的值就要規定得更嚴格。

B. 對平行光的照射度

　　反射光與作業平台的垂直性，這和曝光機本身的精度有關，作業平台的平行度

需定期校正，這有專門的量測儀器可以量測，如果平行度有問題，一定要校正回正常的狀況。

C. 照度的定性及合理的衰退率

這和燈管選定和曝光機台的設計關係較大，照度定性是指在一定次數下，能容許的誤差值。誤差值通常是設定在 3% 以下。

衰退率是指燈管在一定時間的使用下，照度不能低於初始值的多少 %。這一項除了會影響曝光品質的因素外，更換燈管也是一項成本支出。

D. 光罩和作業平台的平行度

除了光源和作業平台的平行度外，光罩和作業平台的平行度也是要列入定期點檢確認的項目。

E. 曝光機內部的靜電去除及外部粉塵的隔離

微細線路最大的品質問題是線路的不良，包含缺口、銅殘、短路、斷線等等。此皆和曝光機的清潔度有關。曝光機本身的材質以及精密度，避免設備運作時因磨擦而產生落屑，機台本身的排放氣設計及靜電防護的裝置，也是曝光機台選定時要注意的。

F. 作業方便性及安全性的考量

目前曝光機主要有三種方式：①平行光曝光機、②點光源曝光機、③雷射直接曝光機（LDI）。

圖 5.55：點光源　　　　　　圖 5.56：平行光　　　　　　圖 5.57：LDI

當然這三種型態的曝光機，要製作微細線路是以雷射直接成像曝光機（Laser Direct Imaging；LDI）在尺寸精度及曝光量的控制上是較佳的，且雷射光束集中，這會使顯像後所形成的乾膜立體形狀較好。另外半導體用的點光源曝光機，其精度很高，也可以應用在微細線路的曝光機上，特別是線距在 10μm 以下的微細線路，就

要考量這類有加鏡片的曝光機，但是成本相對高很多，而且因為 IC 產品的厚度極薄，對光量的要求強度不大，使用在軟板這種厚度相對厚的材料，在光量上需要再改造，近期應該還是以雷射直接成像曝光機（LDI）當成是 SAP 製程用曝光機的主要考量。

　　曝光量的決定基本上還是要參考乾膜供應商的建議條件。但是各板廠的製程條件及曝光機台不一樣，使用的曝光量設定，還是要進行評價後再決定下來。後續的量產，也要定期確認一下曝光量的段數表，確保曝光量是否正確。

　　因曝光機的燈管或是雷射發生器皆會有能量衰退的問題，定期確定曝光段數及曝光機台的定期保養是曝光工程很重要工作，微細線路所能接受的變異很小，在管理上要更為小心。

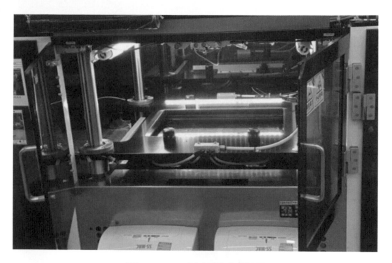

圖 5.58：曝光機作業圖

5-5-5 顯像製程

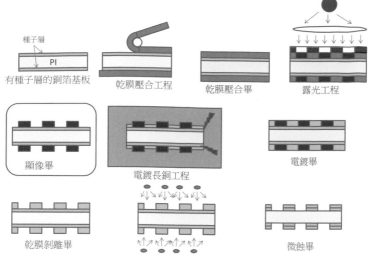

圖 5.59：顯像流程示意圖

　　顯像製程主要是將要需要增層線路部位的乾膜使用顯像液去除掉，導體的形狀即是看顯像掉的乾膜空間的形況而定，如果這空間的立體狀不佳，長出來導體的立體狀也會不佳。

　　因乾膜有正片和負片之分，正片是用酸性顯像液，負片是用鹼性顯像液，顯像掉的乾膜光阻劑並沒有和 UV 光反應，只要曝光機的條件正常，原則上皆可以將無反應的乾膜完全去除掉。

固定型　　　　　　　　　　　　　　　　　　　　　快拆型

圓形　　　　　　　　扇形　　　　　　　圓椎型　　　　　　扇型

圖 5.60：各式噴嘴的形狀的相片

　　顯像工程主要有三個要項需進行確認：

A. 顯像機設計的精度

　　這包含均勻度、各噴嘴設計、（圖 5.60）水洗能力，以及製品傳送的穩定性。

B. 顯像液的選定

這要視乾膜廠商建議的條件去進行選定及測試，在選定乾膜時就要將顯像液的成本考量進去，儘量選用一些成本低且效果佳的顯像液，除非有特別的需要，才去考量特別含有添加劑的顯像液。

C. 顯像的條件

這一部份是乾膜的選定，曝光條件及顯像條件三者結合的最終驗證結果，也是決定未來長銅品質的關鍵。顯像條件的設定和一般減層法線路的顯像條件設定大同小異，主要還是要利用一片測試片確認各不同要求的線路的最細條件，還要考量未來的線路厚度，所以在確認條件上相對繁雜許多。

另外要確認顯像後殘留乾膜的底部形狀。這在乾膜選定時已提及，底部不能殘留不要的乾膜，才不會有下切腳發生。

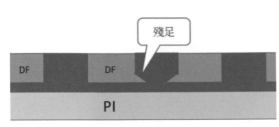

圖 5.61 下切腳發生示意圖　　　　　　　圖 5.62：下切腳樣本

廢棄物的處理也要特別注意，顯像液通常是酸性或鹼性的化學藥液。這些廢棄物的處理如果沒有管理好，或是因人為的失誤而導致外漏，將會造成環保上的問題。現在各國法規越來越嚴格，在選擇設備的時候，即需要將廢棄物處理一併考量進去。

5-5-6 電鍍增銅

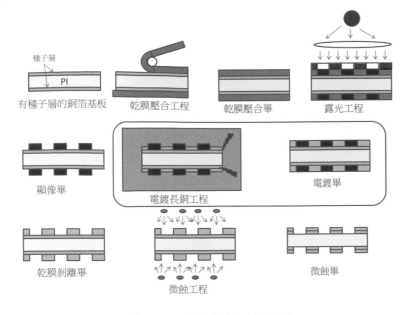

圖 5.63：銅電鍍流程示意圖

鍍銅製程基本上是用銅電鍍的方式，將線路電鍍出來。利用種子層為電鍍的陰極，將電鍍槽中的銅離子還原到製品上而形成線路，因為陽極是提供銅離子的來源，以前是以銅球當陽極溶出銅離子，但是銅球溶到最後時，銅球的尺寸會小於陽極袋纖維的網眼，而由網眼流出，這些在鍍液中的小銅球會鍍到陰極的導體上，而造成導體的短路。改善方法是用不溶解陽極的製程，即將已溶解含有銅離子的藥液直接以定量方式添加到鍍槽中，此不溶解陽極的方式是微細線路製程上比較好的選擇。

圖 5.64：鍍銅製程

如前所言，種子層主要有三種形成的方法，物理真空濺鍍法、化學電鍍法和壓著法。因銅和聚醯亞胺之間的附著力不大，除壓著法外，其他二種方法的種子層，皆因製程拉力強度的需要，聚醯亞胺的表層還會先附上其他銅以外的異類金屬，以增加和聚醯亞胺的附著力。這些異類金屬，只有數奈米的厚度，另外會在這些異類

金屬上再鍍上銅金屬。所以長導體的銅電鍍主要還是鍍在銅層上，不會鍍在其他異類金屬上。

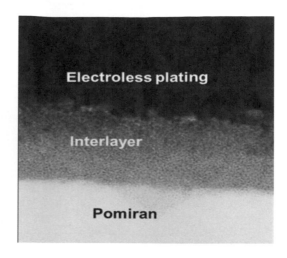

圖 5.65：PI 和種子層的介面

　　電鍍前一般會有表面清潔，但因半增層法製成材料上還留有乾膜，表面清潔方法相對不好選擇，一般化學蝕刻會破壞種子層，並不適合的。而用電漿又會影響到乾膜的形狀及附著力。目前大部份是以鹽酸（HCL）或硫酸（H_2SO_4）進行表面清洗。有些藥水供應商有特別的產品提供給板廠進行表面處理。如果成本容許，可以和藥水供應商合作進行測試開發更佳的表面處理藥液。

　　線路的形況取決於顯像後的乾膜形狀，線路的高度由鍍銅的時間及電流密度去決定。

　　銅表面的粗糙度取決於鍍槽藥液的特性以及電流密度。為使鍍層的銅厚度均一，鍍層的反應速度不宜過快，鍍層表面的平坦度也是導體線路增銅很重要的一項指標，這有必要和藥水供應商討論，選用一些在平坦度或是立方體有幫助的添加劑，使鍍出來導體線路形狀比較理想。

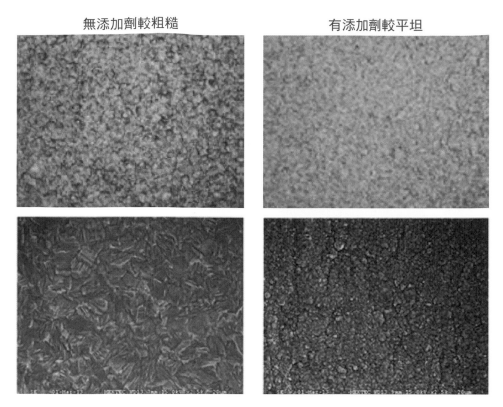

無添加劑較粗糙　　　　　　　　有添加劑較平坦

圖 5.66：各條件下鍍銅表面粗糙度

　　電鍍的電流密度及時間設定，可以先以經驗粗估，再進行一些簡單的實驗計劃去測試出來。

表 5.6：連續銅電線電流驗證

連續銅電 LINE 電流驗證																	Total
項目 Item	1	2	3	4	5	6	7	8	9	10	11	12	13	14	15	16	Total
電流密度(A/dm²)	0.0	0.0	0.0	0.0	0.0	0.0	0.0	0.0	0.0	0.0	0.0	0.0	0.0	0.0	0.0	0.0	
電流(A)上	0	0	0	0	0	0	0	0	0	0	0	0	0	0	0	0	0
電流(A)下	5	6	7	7	7	7	7	7	7	7	7	7	8	8	8	8	113
電流密度(A/dm²)	2.0	2.4	2.8	2.8	2.8	2.8	2.8	2.8	2.8	2.8	2.8	2.8	3.2	3.2	3.2	3.2	
速度(m/min)	1.0																

　　在鍍槽的設計上，因單張電鍍要用治具去設定作業性不佳，使用捲對捲的製程是比較理想的設備，這和種子層是否可以捲對捲作業有關。一般化學濕式增層法要導入捲對捲的製程是比較簡單的。

　　設備的選擇上要考量鍍層厚度的均一性，可以將一銅張板在表面處理後，量測各區域之厚度，在經鍍銅線後取各區域的相同位置再量測一次，這樣可以求得各位

置長銅的高度。各銅高度差要越小越好，如果製品的高度差異過大，可以在鍍槽內加裝治具，或是將噴嘴位置去進行微調整。

除了要考量整體電鍍銅的厚度均一，因電鍍面積的大小，會影響電流密度，而造成產品上大電鍍面積及小電鍍面積的厚度不均一。因此在產品的設計上也要考量電鍍面積的均一性，必要時要設計製品的空曠處多開一些平衡電流的電鍍部位，以降底電流密度。

圖 5.67：Dummy 式樣為框框型

圖 5.68：Dummy 式樣為圓點型

在電鍍的過程，因電解的還原反應，會有氫氣 H_2 產生，如何將氣泡帶出，也是電鍍槽設計要去考量的。

5-5-7 乾膜剝離製程

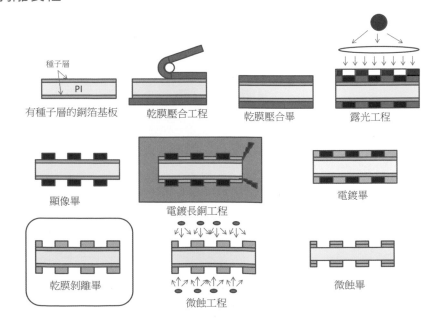

圖 5.69：乾膜剝離製程示意圖

本工程主要是在增層導線後，將留在製品上和 UV 光反應畢的乾膜去除。沒有反應的乾膜在顯像工程已去除完畢，經由電鍍銅製程在顯像掉的乾膜位置鍍上導線，留下反應完畢的乾膜在本製程去除剝離掉。

反應後的乾膜主要是使用化學藥液去除，主要注意事項是要將乾膜剝離乾淨，不能有殘留。這在製程設計上會有三點需要注意：

A. 利用特殊設備去除殘留乾膜

因乾膜貼合過密或是設備的條件不佳，以致乾膜去除不乾淨，有一些殘渣殘留在銅上，為了改善這狀況，建議在乾膜剝離後能使用超音波或是電漿去進行特別的除膠（Decume），以對一些殘留的乾膜或是其他髒污去進行清除。

B. 剝離後殘渣越細越好

剝離掉的乾膜為片狀，在剝離槽中易被線路勾住，而在表面產生乾膜的殘留異物，除了針對設備水壓及噴嘴設計進行改善，增進水洗的能力外，也有部份供應商開發特殊剝離液，在剝離過程將反應完畢乾膜溶解成細小分子，可大大降低剝離後乾膜殘留於製品上的異常。

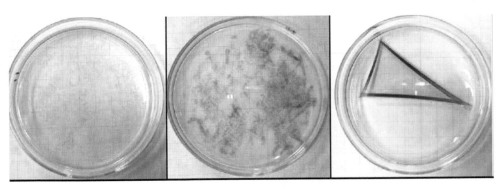

圖 5.70：使用各種剝離液的乾膜殘渣比較圖 （ 來源：JCU ）

C. 超厚線路需選用特別的剝離液

有一些導體設計是高立體狀況（線距小，導體厚度厚），因乾膜在剝離反應的初期會膨脹變厚，以致反應完畢的乾膜無法順利地在線路間帶出，需要用特殊的乾膜及剝離藥液將反應完畢的乾膜微細化，再將這些細化的乾膜帶出，這可與相關的藥水供應商討論。

5-5-8 微蝕刻製程

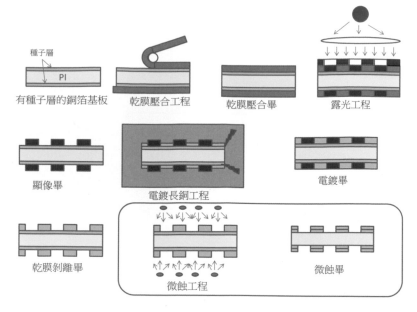

圖 5.71：微蝕刻製程示意圖

筆者會選用微蝕刻這名詞，是因為有些廠家使用快速蝕刻（Quick Etching），因此主要目的是去除線路及線路之間（即線距）的種子層，利用一些微蝕刻藥液將不要的種子層微蝕刻掉所以稱之微蝕刻製程。微蝕刻藥液依所選用的種子層而有所不同，這一工程主要的評價是要將種子層完全清乾淨，如果沒有清乾淨，未來在表面處理工程，可能會在線路間鍍上金屬，而產生線路短路，或者到最終產品組裝後，因環境及電流的作用而產生離子遷移的現象。

圖 5.72：離子遷移樣本　　　　　　圖 5.73：離子遷移樣本

選擇以真空濺鍍當種子層的微細線路，除了種子層表層的銅外，還有在聚醯亞胺上用濺鍍打上的其他異類金屬，如鎳或是鉻。為了有效微蝕掉不要的種子層，會選用二種微蝕藥液，先去除表面的銅層，再去除聚醯亞胺上的異類金屬。真空濺鍍的鍍層通常比較薄，微蝕刻量不宜過多。

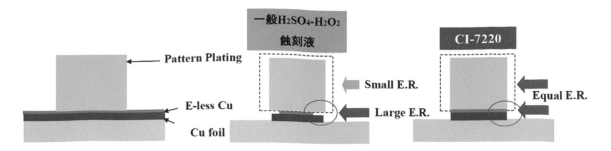

圖 5.74：蝕刻效率不一造成下切腳示意圖（來源：美格 MEC）

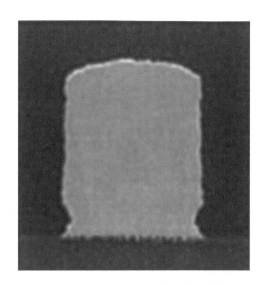

圖 5.75：蝕刻效率不一造成下切腳不良切片圖（來源：美格 MEC）

　　因種子層異類金屬的蝕刻效率和銅不一樣，當選用的微蝕刻藥液不佳，種子層底層異類金屬的蝕刻效率小於種子層的電鍍銅時，會產生線路底部內陷的狀況（圖5.75），如果內陷的狀況不是太嚴重，可以不必特別去做改正，但是當線路小於10 μ m 時，內陷過大時即會造成線路底部的支撐力不足或是應力集中，而使導線容易產生微裂（micro crack）。

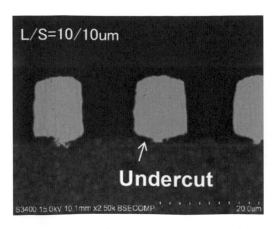

圖 5.76：嚴重下切腳（來源：JCU）

　　以化學增層法雖有鈀或是奈米矽當觸媒，會先在聚醯亞胺表層鍍上鎳，在鎳層上再鍍上銅，但鈀很微量，同時奈米矽量很少可不必特別處理，只要將表層的鎳及銅微蝕刻掉即可。去除銅會使用硫酸、過氧化氫、銅化合物，再加上添加劑；去除鎳／鉻 會使用硫酸、氯化氫、硝酸的微蝕藥液。

　　至於壓著法當種子層的，因為是純銅，所以處理上相對間單。但是相較其他二種方法的種子層，壓著法的種子層偏厚（$1.5\,\mu m$-$2\,\mu m$），所以微蝕刻的蝕刻量比較大，在線路寬幅的補正及維持線路的形狀，是以壓著法當種子層時選定微蝕藥液所要考慮的。

　　微蝕刻製程的設備，因為蝕刻量很小，所以管理條件相對嚴格。蝕刻槽的設計主要分成噴嘴式及浸漬式，不管那一類設備，蝕刻量的均一性是設備設計上的重點。噴嘴形狀選定是很重要的一個項目，這必須和比較有經驗的設備製作廠商討論。微蝕工程是微細線路的導線最後一道製程，導體的形狀在此被決定下來。

　　微蝕工程後的清水處理要設計得很精準，因微細線路的線路間距和傳統蝕刻線路小很多，清潔度不足會有水中的金屬離子殘留在製品上，未來可能會有離子遷移的信賴性問題發生。

　　機台的整體考量，基本上在量產線製作之前，建議先設計一小型的實驗產線，設計的方式先要和設備及藥水供應商討論各製程的參數，例如電鍍密度、微蝕效率等。再依每日設備所需的產能目標以及廠房所有的空間去決定各設備的速度，各設備的速度盡量不要差異太大，未來在整合成自動化產線時，需要的投資及設備改造費用會比較小，先在小型的產線上測試各材料的條件及參數後，再依這些實驗數據去開發較大型高產能的量產設備。

在微蝕工程完畢，半增層法的微細線路導體已完成，即可送到下一階段的導體保護工程、表面處理工程、後段加工工程，以及零件打件工程。這些工程大部份和傳統減層法製程一樣，我們已在第二章介紹完畢。特別一提的是，在表面處理工程時因為有表面酸洗工程以及表面電鍍工程（通常是 ENIG 或是 ENEPIG），這樣導體線距及導體高度會因表面電鍍工程以及電鍍前處理工程而改變，在製品線路設計時，即要考量補正進去。

本章小結

5G 世代除了高頻材料外，另外會有很多新的產品設計開發出來，這些產品為增強功能及方便攜帶，而開始使用半增層法去製造微細線路。

半增層法的製程從軟性銅箔基板的種子層材料、乾膜的選定到微蝕刻線路形成，要對各製程的設備及相關藥液先有一些認識，因種子層的金屬成份不同，各種種子層所選用後續的設備材料藥水等相關製程因子，均要充分了解。而有關各製程的評價方法會在第七章介紹。

5G 世代軟板高頻材料及微細線路製程簡介

CHAPTER **6**

軟板半增層法製程種子
層加工方法介紹

THE FUTURE IS HERE

第六章：軟板半增層法製程種子層加工方法介紹

在半增層法的製程中，最重要的是種子層的生成方法，這會影響到後續的製程設計，導體線路的最小線距，導體拉力，以及製作成本。

目前最普遍的種子層生成方法有下列三種：

A. 乾式真空濺鍍法。

B. 濕式化學法，這裡又依種子層觸媒附著的方式，細分為二種方法。

　　① 濕式化學開環法。

　　② 濕式化學閉環法。

C. 壓著法。

本章節會針對這三種種子層的生成法逐一介紹。

6-1 真空濺鍍種子層介紹

6-1-1 真空濺鍍種子層製程介紹

在半增層法的製程中，和蝕刻法最大的差別是要在聚醯亞胺上生成一 $2\mu m$ 以下的金屬種子層，首先我們要來介紹乾式真空濺鍍法。

真空濺鍍法使用的歷史很久，應用在覆晶薄膜（COF）的材料已有一段時間，相關的製程技術也比較成熟，近期因受手機窄邊框化的影響，使得覆晶薄膜（COF）材料的使用量大增。真空濺鍍的產品，除了用在軟性銅箔基板外，還大量地應用在各種材料的表面鍍膜上，可謂是一種應用很廣的表面處理技術。

真空濺鍍用在軟性銅箔基板的製程簡單介紹如下：

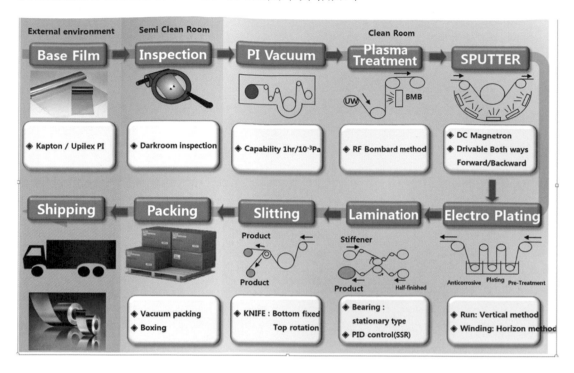

圖 6.1：真空濺鍍軟性銅箔基板的製程（來源：TAK）

　　其步驟首先是選用適合的聚醯亞胺，放入真空櫃中（Vaccum）抽真空再經電漿處理，濺鍍上一層約數奈米的極薄的金屬（鎳 - 鉻合金）再濺鍍一層極薄的銅，最後再電鍍銅到所需的厚度（0.1μm － 20μm），再輪滾壓著裁切分條包裝出貨。

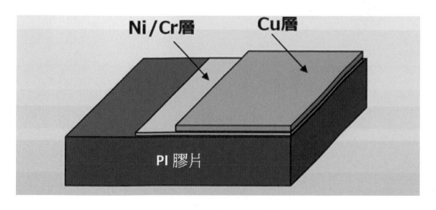

圖 6.2：真空濺鍍種子層結構

　　目前使用此方法的產品主要是以覆晶薄膜的產品為主，聚醯亞胺材料的供應商主要是宇部及杜邦這二廠商，因為要實裝一個驅動 IC 在線路上，所以目前挑選聚醯亞胺時，會儘量選擇較厚、剛性較強、寸法變化量小的聚醯亞胺材，在晶片焊接

（Bonding IC）時才不會發生問題，當然未來要使用其他的材料作其他的應用也是可以的，例如高頻材料所需的改質聚醯亞胺（MPI）材料，或是液晶高分子（LCP）材料，或是透明聚醯亞胺（CPI）的軟性銅箔基板也是可以用此方法進行生產。

6-1-2 真空槽

聚醯亞胺材料納入後，會先進行外觀的進料檢查，主要是看材料的清潔度、厚度等品質檢查的項目。

接下來會放入真空槽內抽真空，以利未來電漿處理及濺鍍所需的真空環境。

因為材料是整卷出貨，製造濺鍍法的軟性銅箔基板所用真空槽的體積會很大，槽體裡面可以進行電漿處理的製程及濺鍍的製程。

6-1-3 電漿處理（Plasma）

電漿主要是提昇聚醯亞胺表面的清潔度及進行表面的改質，使濺鍍所打出來的合金附著力更強。

電漿通常會以氬（Ar）、氫（H$_2$），或是這二種氣體混合為主。

圖 6.3：電漿機

電漿原理主要是藉著電漿物質在材料表層發生化學反應，屬於等向性蝕刻程序（Isotropic Etching Process），電漿之角色是用來產生化學反應，反應機構簡述如下。電漿處理，乃利用氮（N$_2$）、氧（O$_2$）、氫（H$_2$）之類的非聚合性反應性氣體，來改變材料的表面結構（粗糙化處理）與表面附著物去除。

其反應程序如下：

A. 非反應性氣體在電漿狀態中產生反應性物種。

B. 反應性物種吸附在基材表面與表面物質反應成揮發性物質。

C. 揮發性物質離開基材表面。

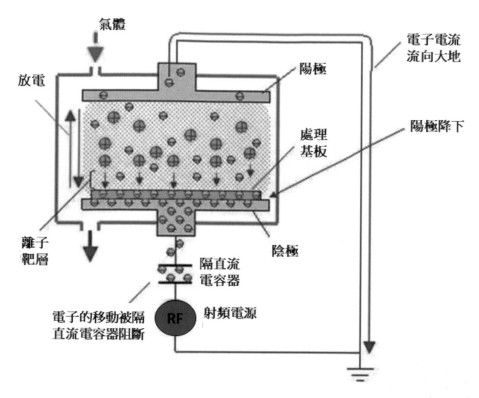

圖 6.4：電漿製程示意圖

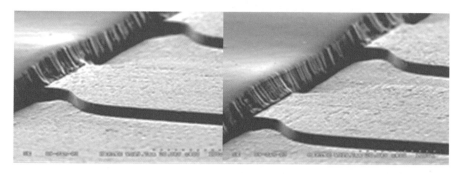

圖 6.5：電漿處理前　　　　圖 6.6：電漿處理後

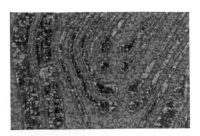
圖 6.7：Plasma 處理前

圖 6.8：Plasma 處理後

　　因電漿在後續微細線路的製程中，經常會用來去除一些有機物，及進行材料的表面改質，本章節特別針對電漿的處理進行詳細介紹。

　　電漿處理主要是利用氣體分子在電能增加後，促使原子核與電子分離，造成電子可自由活動，自由度高的電子越多，電流更容易流動，透過磁場的作用影響電子的移動而產生所謂的電漿狀態。

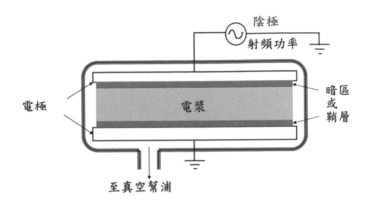
圖 6.9：電漿產生示意圖

平板電漿產生的基本系統可參閱圖 6.10。

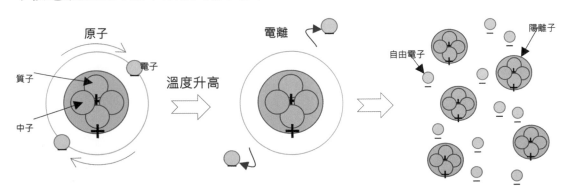

| 固體，液體，氣體子安定狀態 | 電子脫離軌道形成自由電子原子因電子脫離形成陽離子 | 持有負電荷的自由電原子與正電荷陽離子可以自由移動形成不安度狀態 |

圖 6.10：電漿處理流程示意圖

放射電源（R.F.）有三種類別：

A. 低頻（40KHz）

B. 高頻（13.56MHz）

C. 超高頻／微波（100MHz~）

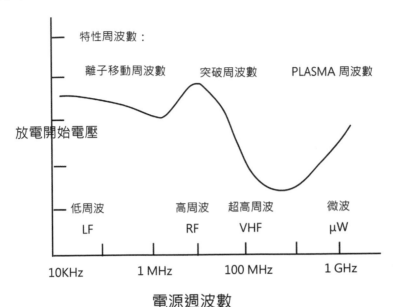

電源週波數

圖 6.11：電源週波表

針對印刷電路板（PCB/FPC）生產作業，以低頻和高頻較為普遍使用。

電漿處理的使用方案有下列三種 (圖 6.12)：

A. 氧化原理：

使用的氣體是氧氣 (O_2)，利用高能量的氧離子在低溫下去除有機污染物，本方法去除有機物的效率高，但無法去除金屬氧化膜 , 反而會產生金屬氧化膜。

B. 還原原理：

使用的氣體是氫氣 (H_2)，以激發態自由基氫氣去裂解有機污染物，同時還原金屬氧化膜。

C. 撞擊原理：

使用的氣體是氬氣 (Ar) 等惰性氣體，以氬離子利用電漿和基板間的電位差，高速撞擊基板，以撞擊動力濺射掉有機污染物。或將有機污染物鍵裂解，形成氣體揮發，本方法也可清除金屬氧化膜。

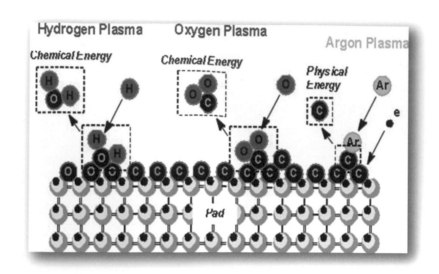

圖 6.12：參考寶豐堂科技資料

　　上面的三種方案也可交替使用，例如先開氧氣去除有機污染物，再使用氫氣將有機物鍵裂解，變成氣體揮發掉。

　　電漿對於印刷電路板（PCB/FPC）的製程應用：

A. 高密度電路板（High Density Interconnect；HDI）的清潔

　　可用於孔徑小的殘渣與保護油墨清除；亦可針對孔徑縱橫比大的孔內與疊板層數多的板子做清潔。

圖 6.13：小孔徑製品孔內殘膠去除（孔徑：Φ100μm）

5G 世代軟板高頻材料及微細線路製程簡介

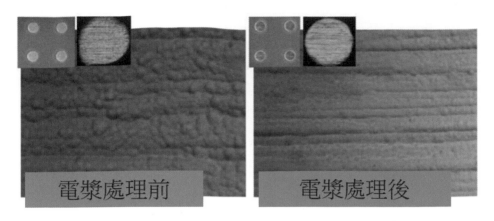

電漿處理前　電漿處理後

圖 6.14：保護油墨清除

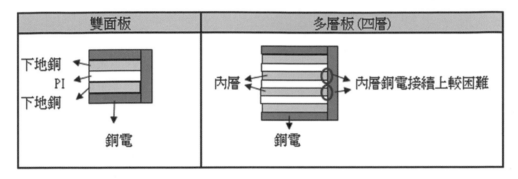

圖 6.15：孔徑縱橫比大的孔壁殘膠去除

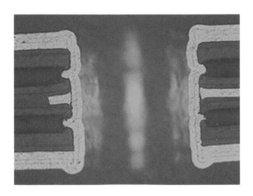

圖 6.16：膠殘留不良斷面圖

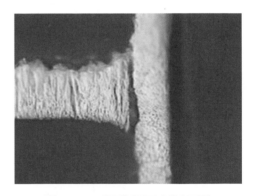

圖 6.17：膠殘留不良斷面圖

　　在多層板鑽孔時，孔壁可能有殘膠問題。如無進行電漿處理，有可能會造成線路斷路、異常。

B. 改質化處理（表面改質 / 表面粗化）

　　當材料無法使用除膠（Desmear）藥液或使用效果不佳時，可用電漿處理去清除殘膠，並增加表面的親水性。

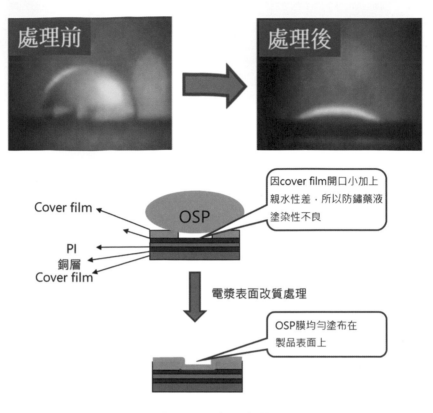

圖 6.18：表面改質

　　利用乾式真空濺鍍法的種子層，在濺鍍前，通常會再加一道真空電漿處理，即用真空電漿將聚醯亞胺的表面改質，使濺鍍的合金會比較容易均勻地分佈在聚醯亞胺上。

C. 盲孔（BIind Via Hole；BVH）

　　孔徑小的產品，濕製程作業較難清除盲孔孔底殘膠，使用電漿處理可以去除殘膠，且處理效果均勻性佳。

5G 世代軟板高頻材料及微細線路製程簡介

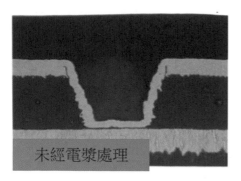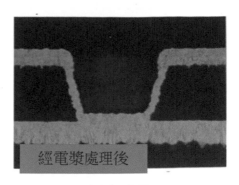

VIA Hole孔底殘膠　　　　　VIA Hole孔底無殘膠

圖 6.19：未經 Plasma 處理　　　　圖 6.20：經 Plasma 處理

6-1-4 真空濺鍍原理

　　真空濺鍍的原理是在一密閉真空槽內部，二端置放靶材（如：鎳、鉻）及基板材（如：銅），首先將真空槽內部抽真空，然後在槽內通上惰性氣體。而軟板的真空濺鍍種子層，通常會使用氬（Argon；Ar）當惰性氣體，再於靶材和基板材間加上高電壓，高電壓會將氬解離成帶正電荷的離子 Ar+，及帶負電荷的電子 e-，如下方化學反應式。

$$Ar \rightarrow Ar+ + e-$$

　　變成正離子的惰性氣體氬離子會於磁場加速後撞擊陰極靶材表面，將靶材表面的金屬材料撞擊成奈米等級的金屬原子，以反方向離開靶材表面，高速附著在基板材聚醯亞胺的表面。

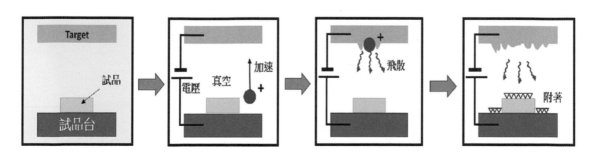

圖 6.21：濺鍍原理圖示

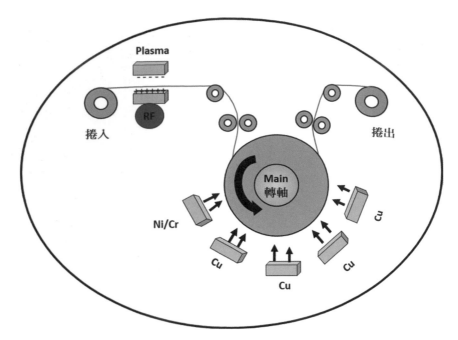

圖 6.22：真空濺鍍機圖示

圖 6.23：真空濺鍍機
（來源：博斯特 General K5000）

　　在種子層的真空濺鍍製程，於一大冷卻滾輪上會有數個濺鍍靶材，前面的少數靶材會鍍上鎳、鉻層，其中鎳、鉻的比率是可以調整，大部份是 80：20、90：10 或 100：0，此比率會影響到材料的拉力，及其他產品特性，目前是以 80：20 比率使用較多。這時候的種子層厚度只有幾個奈米，後面比較多個靶材會濺鍍上銅，銅層的厚度通常會在 1 μm 以下，長到所需的銅厚度後，即可移出真空槽，進入下一道工序。

6-1-5 電鍍銅處理

因真空濺鍍的厚度形成很緩慢，有的供應商會在濺渡銅後再用電鍍的方式去鍍到所需的厚度，（通常 $0.8\,\mu m - 12\,\mu m$），當然在濺鍍後的銅表面是很光滑的，再鍍上銅會對未來的材料和乾膜的貼合力有幫助，電鍍銅前通常需簡單的表面清潔製程，例如：脫脂及酸洗製程，再進鍍銅槽，這裡就不一一詳細介紹了。

陰極反應：$(Cu^{2+}) + 2(e^-) = $ 銅（Cu）

陽極反應：銅（Cu）$- 2(e^-) = $ 銅離子（Cu^{2+}）

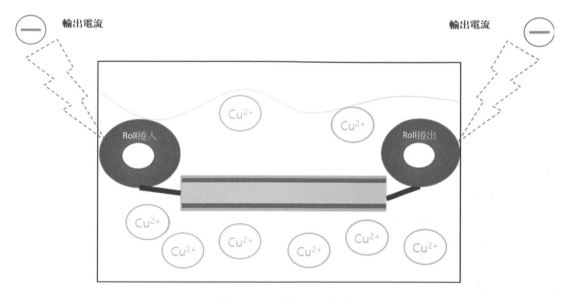

圖 6.24：鍍銅示意圖

板廠通常不會花這麼多投資去購買這種濺鍍的設備，板廠會直接和濺鍍的軟性銅箔基板材料供應商購買已有種子層的軟性銅箔基板，再直接進行改良型半增層法的製程，所需的種子層的厚度在 $1.5\,\mu m$ 以下。

當然這種製程也可以做成軟板線路減層蝕刻法用的軟性銅箔基板。方法是在種子層後電鍍銅的製程，將銅電鍍的厚度鍍到 $4\,\mu m$ 以上即可當成減蝕刻法的軟性銅箔基板。因材料成本及效率的問題，減層法用的軟性銅箔基板電流密度及設備的設計就會不一樣，材料單價也相對比其他的塗佈法或壓著法高很多，會用這種材料的軟板廠已相當少見。

6-1-6 分條包裝

分條是切割成客戶所需的材料寬度的製程，切割分條的刀片維護很重要，否則邊緣的毛邊及粉塵會造成無塵室的污染，最後是包裝出貨。

6-1-7 材料特性

圖 6.25：真空濺鍍種子層的特性

真空濺鍍法對材料選擇的自由度高，可選擇對應不同用途膠片，例如：聚對苯二甲酸乙二酯（PET）、聚醯亞胺（PI）、液晶高分子（LCP）、透明聚醯亞胺（CPI）、改質聚醯亞胺薄膜（MPI Film），也可用在高頻微細材料使用。

真空濺鍍種子層的銅箔基板因銅是由濺鍍出來的，結合的界面可以很平滑，這有利於高速傳輸的銅表面平滑性的要求。

銅厚度可以自由選擇，由 0.1 μm 到 12 μm 皆可以用此方法製造出來。

因種子層的金屬元素是由濺鍍槽內的靶材所決定的，如前所言內含的元素及比率是可以用靶材的組成去控制，種子層的厚度約是 120A-250A，一般有鎳鉻比為 80%：20% 或是 90%：10%，還有一些材料是無添加鉻，而鎳和鉻的比率是會影響到拉力值，當然和所選用的聚醯亞胺材料有關係。

由於種子層有含鉻及鎳，如果沒有清潔乾淨的話，未來在產品信賴性上會容易有離子遷移的狀況產生，在去除種子層的微蝕工程，通常會用二種不同的微蝕藥液，必要時還會加電漿以求徹底去除種子層上的各類不同的金屬。

這種以真空濺鍍法當種子層的材料，常溫下的接力是 0.65N 左右，信賴性測試（150℃／168Hr）後的拉力會掉到 0.45N。

材料的特性如熱膨脹係數、材料張力等，原則上是由配合的聚醯亞胺材料特性所決定，因製程比較繁瑣，所用的設備相對價格高，運作時的電力消耗大，材料的成本也就相對其他種子層生成方式要高。但是因製程的控制相對容易、材料選擇的自由度高，產品的安定性也比較好。

6-2 濕式化學開環法

聚醯亞胺（Polyimide；PI）是一類具有醯亞胺重複單元的聚合物。聚醯亞胺薄膜具有極佳的高耐熱性，使用溫度範圍覆蓋較廣，從攝氏零下一百度到零上三百多度。良好的耐化學腐蝕性和機械性能，抗彎強度可達到 345 MPa，同時也有極佳的電氣絕緣性，聚醯亞胺薄膜化學性質穩定，不需要加入阻燃劑就可以阻止燃燒。一般的聚醯亞胺都能抗化學有機溶劑，同時對酸性溶液的承受力強，對鹼性藥液則會破壞醯亞胺表面的結構，同時材料本身也會吸濕，這二點是聚醯亞胺薄膜的主要缺點。

濕式化學開環法，主要是利用聚醯亞胺材表層用鹼性藥液去破壞聚醯亞胺的分子結構，再吸附上觸媒及金屬化而在聚醯亞胺表層形成金屬種子層。

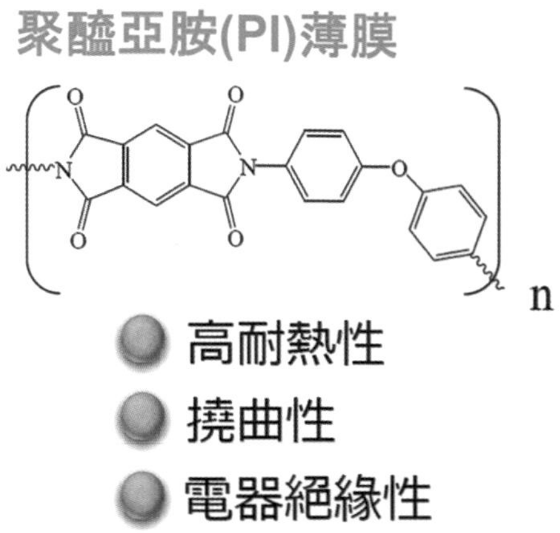

圖 6.26：聚醯亞胺膜分子結構及特性

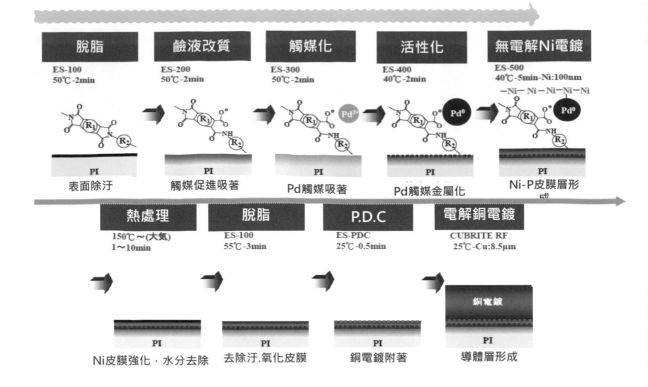

圖 6.27：濕式化學閉環法流程（來源：JCU）

化學開環法目前台灣的軟板廠已有產線在量產中，算是比較有實績的生產方法。有關化學開環法的使用流程請參閱圖 6.27。

6-2-1 脫脂

首先是用鹼性脫脂液（氫氧化鈉；NaOH）將聚醯亞胺表面的污漬去除，因聚醯亞胺本身對鹼性藥液的承受力較差，因要破壞表層的聚醯亞胺的結構，所以會使用鹼性藥液。

6-2-2 表面改質

利用強鹼藥液進行表面改質的工程，表面改質會將聚醯亞胺薄膜的－ CO － N － CO －結構用強鹼以破壞其化學鍵，形成－ COOH，因這種工法需打開聚醯亞胺的化學鍵，故筆者定義此種方法為濕式化學開環法，這工法有別於下一節的濕式化學閉環法。

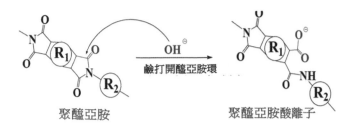

圖 6.28：表面改質化學分子結構圖

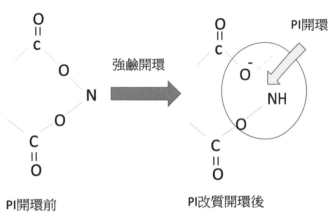

圖 6.29：表面改質前後化學分子結構圖

6-2-3 觸媒化處理

觸媒主要是將鈀離子，和氧離子產生離子鍵，本工程是將含有鈀離子的藥水（膠體鈀），添加到藥槽內，充分循環，將鈀離子吸附在聚醯亞胺層的表面上。

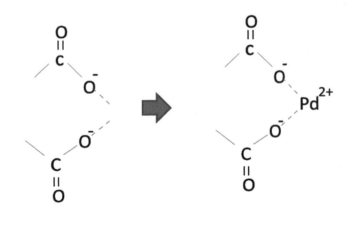

圖 6.30：觸媒化處理前後化學分子結構圖

6-2-4 活性化處理

本製程是將鈀離子還原成鈀原子吸附在聚醯亞胺膜上，因為離子本身的活化性不佳，所以須以含還原劑的藥水來將鈀離子，還原成鈀原子，還原後的鈀原子是卡在聚醯亞胺表面上的，被開環後的聚醯亞胺膜包住，這會是影響未來導體拉力的要項。

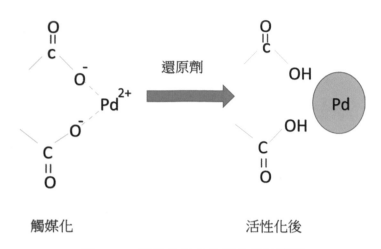

觸媒化　　　　　　　　　　　　活性化後

圖 6.31：活性化前後化學分子結構圖

6-2-5 無電解鍍鎳

利用無電解電鍍的方式將鎳鍍在鈀原子上，當然無電解電鍍的製程有很多細項的工程，但是大略和第二章節的無電解鍍金的製程類似。在此就不再詳細介紹，鎳的厚度約會鍍到 $0.1\,\mu m$ 。

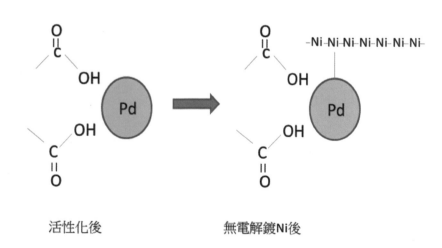

活性化後　　　　　　　　　　　無電解鍍Ni後

圖 6.32：無電解鎳前後化學分子結構圖

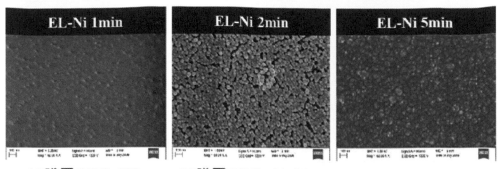

電鍍析出過程(FE-SEM觀察、5萬倍)

| EL-Ni 1min | EL-Ni 2min | EL-Ni 5min |
| Ni膜厚(XRF):ND | Ni膜厚(XRF):20~30nm | Ni膜厚(XRF):90-96nm |

圖 6.33：電鍍析出過程（來源：JCU）

6-2-6 銅電鍍

　　銅電鍍前須經一道聚醯亞胺乾燥熱處理脫脂表面處理流程，這些是為接下去的電鍍銅所進行前處理作業。

　　依所需銅的厚度進行電鍍處理，原則上會電鍍到 $0.5\mu m - 2\mu m$，因為鍍銅的厚度薄，並不需要大電流，同時為求鍍層粒子的細緻化，通常會用小電流的電鍍條件去進行銅電鍍工程。

　　本工程要注意的是鍍銅厚度的均一性。本製程銅電鍍出來的產品是用在半增層法用的軟性銅箔基板種子層，將來導體以外的位置須用微蝕藥液去微蝕掉，厚度不均時，會造成製品微蝕後不乾淨而殘留銅，或是過度微蝕產生線路立體化不佳 (圖 6.34)。

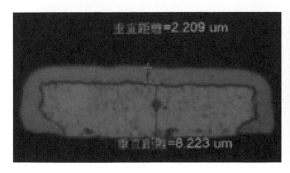
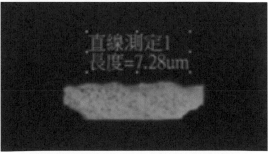

圖 6.34：微蝕不良切片圖

濕式化學開環法的整個製程的關鍵是將聚醯亞胺薄膜上的聚醯亞胺分子的原子鍵開，將鈀離子吸附，再將鈀離子還原成鈀，最後是將鎳鍍在鈀上，再鍍上所需厚度的銅。材料的拉力值取決於鈀原子和聚醯亞胺薄膜之間的吸附力，這樣製程上要提升拉力強度的方式是要找到將鈀及聚醯亞胺之間吸引力卡得更強的方式，或是將鈀卡在聚醯亞胺薄膜上的數量增加，相對技術上及成本的問題是必要考量，另外因種子層有鈀、鎳，及銅這三種金屬，如何有效地在微蝕工程將不必要的種子層完全去除，也是製程上的一個問題。有些板廠只進行一道銅層的去除，但產品的信賴性特別是離子遷移現象會有問題，尤其是微細線路，線路和線路的間距通常是 $30\,\mu m$ 以下，線路間如有金屬殘留，這會是品質上很大的風險。有些板廠為確保品質會在微蝕前用電漿先去除有機物，再用二道或是三道的微蝕槽分別去除銅、鎳、鈀等三種金屬，這是比較好的製程設計，但相對的製造成本較高。

本方法種子層的生成，主要是一些藥槽及藥水的反應，和一般的濕製程很類似，只要和設備供應商及藥水供應商討論好，板廠是可以自製種子層。同時因製程和電鍍的產線很類似捲對捲（Roll-To-Roll）的製程設計，是相對簡單很多。

圖 6.35：Roll-To-Roll 製程

6-3 濕式化學閉環法

　　相對化學開環法，有另一種方式，為化學濕式的種子層生成法。只是這種方法並沒有破壞聚醯亞胺的分子鏈，而是在聚醯亞胺的表面形成一些奈米洞，想辦法將金屬卡在這些奈米洞內，再利用電鍍去長成種子層，拉力值是由這些金屬卡在孔內形成錨接力、以及因這些奈米洞而增加接觸面積（圖 6.36）。這種方式為和開環法有所區別，故筆者定義這種方法為化學濕式閉環法，製程將於以下逐一做介紹。

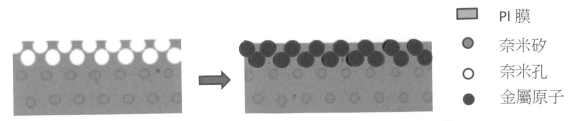

奈米洞內卡住金屬產生錨接力

PI 膜
奈米矽
奈米孔
金屬原子

圖 6.36：化學閉環長種子層示意圖

6-3-1 含矽的聚醯亞胺薄膜製造

　　首先在聚醯亞胺成型的前期還是液態狀態時添加奈米級的二氧化矽（Nano-SiO_2）粉末。而後與聚醯亞胺原料充分攪拌，混合完成後，再將這些含有奈米矽的聚醯亞胺原料進行薄膜製作，即完成了含有奈米矽的聚醯亞胺薄膜，這些奈米矽除了在聚醯亞胺薄膜內，也會在成形過程中混在薄膜表層上。

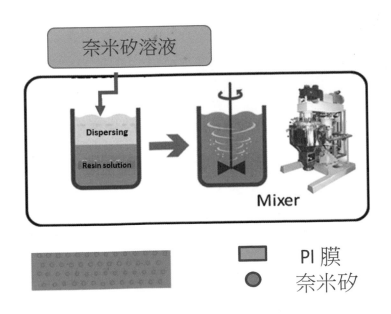

PI 膜
奈米矽

圖 6.37：奈米矽混入聚醯亞胺薄膜中示意圖

6-3-2 脫脂及去除表面奈米矽製程

　　完成含奈米矽的聚醯亞胺薄膜後，要先將表面進行清潔，通常是用氫氧化鈉（NaOH）清除表面的油脂，接下來利用特別藥液去除表面奈米矽。這些表層含奈米矽的聚醯亞胺薄膜經去除奈米矽處理後，原先留有奈米矽的位置因清除後，會在表層留下一些奈米等級大小的奈米孔。

　　清除奈米矽的製程，相關的設備及條件的配合很是重要，同時這些被清除掉的矽元素廢液，需要能有效地進行回收處理，不致產生環保的問題，這也是製程設計要去考量。

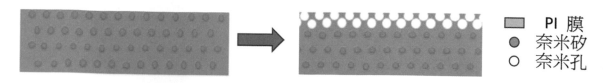

圖 6.38：去除表層奈米矽留下奈米孔洞示意圖（來源：柏彌蘭目錄）

6-3-3 聚醯亞胺表面電性調整活性化處理

　　要將聚醯亞胺薄膜鍍上鎳的製程中需要有一中間介質，目前業界通常是利用金屬鈀當觸媒。將這些表面上有奈米孔的聚醯亞胺材料利用藥液進行表面改質，使表面變成正電荷。

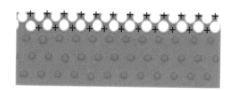

圖 6.39：聚醯亞胺表層改質示意圖

6-3-4 觸媒活性化處理

　　觸媒活性化處理是將觸媒槽內帶負電荷的膠鈀，吸附在正電荷的聚醯亞胺表面。鈀原子的體積非常小，因同電荷的關係，鈀層並不會附著太厚。

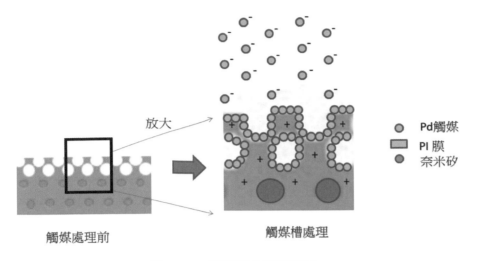

圖 6.40：鈀觸媒吸附示意圖

6-3-5 無電解鍍鎳

接下去會進行無電解鎳的製程，利用無電解電鍍的方式將鎳鍍在鈀上，當然無電解電鍍的製程有很多細瑣工程，但是大略和第二章節的無電解鍍金製程類似，在此就不再詳細介紹，鎳的厚度小於 $0.1\,\mu$m。

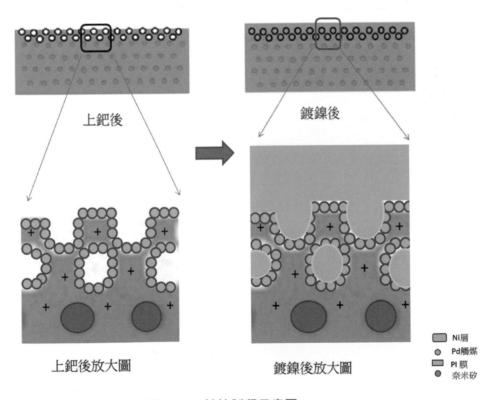

圖 6.41：鍍鎳製程示意圖

6-3-6 銅電鍍

先將聚醯亞胺乾燥熱處理脫脂表面處理，這些是為接下去的電鍍銅所進行前處理作業。

依所需銅的厚度進行電鍍處理，原則上會電鍍到 0.5 μm － 2 μm，因為鍍銅的厚度薄，並不需要大電流，同時為求鍍層粒子的細緻化，通常會用小電流的電鍍條件去進行銅電鍍工程。

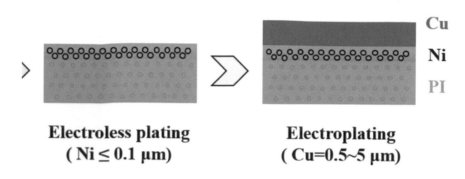

Electroless plating
(Ni ≤ 0.1 μm)

Electroplating
(Cu=0.5~5 μm)

圖 6.42: 鍍銅示意圖

閉環法本身的表面是去除表面的奈米矽，造成奈米孔洞，再吸附催化劑，並沒有破壞聚醯亞胺本身的分子結構。另外密著力的來源來自這些奈米孔洞和催化劑，鎳金屬充滿在這些奈米洞內，產生了錨接效果。

錨接力

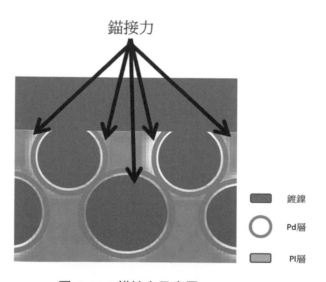

鍍鎳

Pd層

PI層

圖 6.43：錨接力示意圖

同時鈀及聚醯亞胺之的吸附面積因奈米孔的關係而接觸面積變大，這二種因素造成濕式化學閉環法的線路的拉力值相對安定，聚醯亞胺的特性也能維持。

因要奈米原料和液態聚醯亞胺攪拌，這樣的製程只在有能力生產聚醯亞胺薄膜的廠商才能生產。後續的形成奈米孔、上催化劑、無電解鎳及銅電鍍，只要有設備及藥水，一般的板廠也可以生產，但是相關設備投資，及相關的藥液的取得，除非產量夠大到設備稼動率有一定水準，否則還是和材料供應商合作，種子層由材料供應商製作，板廠直接進行改良型半增層法的製程即可。

圖 6.44：化學閉環法微細線路切片圖（來源：柏彌蘭目錄）

另外因材料添加的奈米金屬是很微細的，如果和透明聚醯亞胺攪拌混合，並不會影響透明聚醯亞胺的透光度，用透明聚醯亞胺加上濕式化學閉環法的製程，也可製作出透明微細線路這會使未來 5G 時代的微細線路應用面更廣。

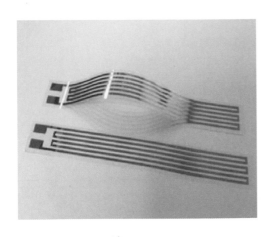

圖 6.45：化學閉環法透明材樣本（來源：柏彌蘭目錄）

6-4 壓著法

如前所介紹的，減層蝕刻軟性銅箔基板（FCCL）的材料製程有三種方法，真空濺鍍法、塗佈法、壓著法。其中壓著法因使用的材料及設備成本較低、技術相對簡單，使用壓著法的廠商及產品較多。

這三種方法，因製程的關係，只有真空濺鍍法適合做半增層法的軟性銅箔基板，其他的二種方法，因種子層太薄，（2 μm 以下）在手持上極為困難，並不適合半增層法製程。

因壓著法的製程簡單，有材料供應商將薄銅（2 μm 以下）和比較厚的支撐材（Carry Sheet）結合，做成二層較厚的材料，再利用熱塑性聚醯亞胺（TPI）將聚醯亞胺和附有支撐材的銅材進行壓著，製成附有 2 μm 種子層的軟性銅箔基板，板廠購入後，再將外層的支撐材撕離，剩下 2 μm 以下的銅材，形成改良型半增層法製程的種子層材料。

圖 6.46：附有支撐材的銅箔基板

壓著法的軟性銅箔基板是一層 2 μm 以下的銅和一 18 μm 的銅進行壓合。壓著前為確保 2 μm 銅表面的清潔度，相關的脫脂、酸洗、防銹等工程是必要的。另外和支撐材貼合的黏著劑材料很重要，可以說是整個壓著法的製程中最重要的一環。

黏著劑的選用有以下幾項考量：

A. 黏著力

表層及底層的黏著力條件設定，如果黏著力太強，將影響到未來 20 μm 軟性銅箔基板壓著後再撕去 18 μm 支撐材的作業難易度。

B. 殘膠

不能留有殘膠，殘膠會導致線路形成進行種子層微蝕時，產生線路和線路之間殘銅的發生率。

C. 耐化性與耐熱性

　　支撐材在和熱可塑性聚醯亞胺（TPI）壓著時會經過一道熱製程，同時支撐材具有保護作用，支撐材可在軟性銅箔基板供應商或是軟板製造廠商端進行撕離，最好是在軟板製造廠進行撕離，而支撐材上黏著劑的耐熱性就相對重要。

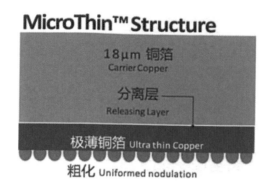

圖 6.47：壓著種子層結構圖（來源：三井金屬目錄）

　　有附黏著劑的二層銅材料，大多由電解銅的製造商進行材料壓合，再賣給生產軟性銅箔基板的壓著廠，後續材料壓著製程和減層蝕刻法壓著製程是一樣的，先選定合適特性及厚度的聚醯亞胺，再利用熱可塑性聚醯亞胺的熱熔壓合作用，將有支撐材的銅和聚醯亞胺做壓合及熟化，最後撕離支撐材，完成改良型半增層法製程所需的軟性銅箔基板。

　　支撐材的材料選定，為考量材料的作業性是以較厚的材料為比較好的選擇，材質的話。大多會是選用銅材，當然銅材的成本極高，支撐材又屬輔助材，應可以選用成本較低的材料當支撐材，但是選用銅的好處是可回收再利用，將撕離的銅支撐材回收，進行處理後可以做成壓延銅或是其他銅製品原料，相對其他材料，雖然有成本的優勢，但是未來的回收處理是一項課題。

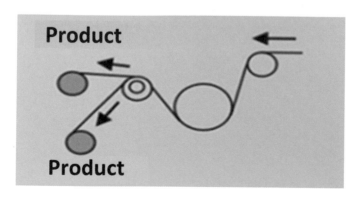

圖 6.48：支撐材撕離示意圖

因銅的傳熱係數佳，在選用銅當支撐材時，和熱可塑性聚醯亞胺的壓著製程時，不必考量漲縮翹曲的問題。

本方法所加工完成的材料，因銅和聚醯亞胺之間是用熱可塑性聚醯亞胺去貼合的，此拉力強度應是本書所介紹的各項方法中最大的。也因中間沒有其他的異種金屬，如：鎳、鉻、鈀…等，在後續去除種子層的微蝕工程相對簡單，產品的信賴性相對較好。

因種子層是極薄的電解銅和厚的支撐材去壓合而成的，所謂的極薄的厚度的銅也是在 1.5μm 以上，再薄下去就很難平整的和支撐材去貼合，1.5μm 在改良型半增層法製程中算是比較厚的，在後續去除種子層的微蝕工程所選用的藥液及條件需要特別注意，相對細線路的製造能力及線路外型也比較不佳。

圖 6.49：壓著法種子層微細線路樣 （來源：Kanaka）

圖 6.49 是用壓著法當種子層的樣本，種子層厚度是 2μm，因要微蝕掉 2μm 的種子層，故微蝕量較其他工法大，最後線路的立體形狀相較其他工法差，會有些許蝕刻梯度的產生。

6-5 先孔加工

　　傳統線路減層法上下層導線路的導通方式是先以鑽針或是電射方式在軟性銅箔基板上的需要位置進行上下層穿孔，再進行孔內線路的導通，即將內層的聚醯亞胺斷面附上碳或是薄薄的導電物質，如：化學銅，再將孔內電鍍上銅，形成貫穿孔的導線。因為是利用電鍍的方式去進行導通孔的線路，電鍍時也會一併將表層銅的厚度增加，以致細線路的能力更加困難，對應方式是降低孔內的銅導線的厚度，或是用局部銅電鍍去克服，但這些方式皆會有增加產品成本或有品質信賴性的問題。

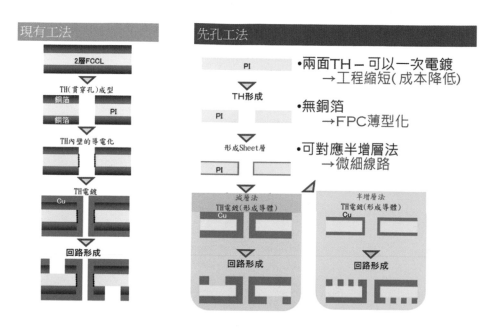

圖 6.50：前孔及後孔加工流程圖

　　用濕式增層法，不管是開環法或是閉環法，皆可以利用種子層附著在聚醯亞胺上再去長線路的特性，在上種子層之前，先在要鑽孔的位置進行先孔加工，再將種子層附著在聚醯亞胺薄膜的表面及孔內上，再去進行後續長種子層及線路，長銅同時順便長孔內上下層線路的導通孔，省掉一次穿孔電鍍的製程，這種工法稱為先孔加工製程。

　　這種方法，首先是將選好的聚醯亞胺上去進行穿孔的製程，因是微細線路，加上有些設計又須考量填孔的需求，所以穿孔的孔徑通常不會太大（50μm以下），大多會是使用電射穿孔方式，雷射穿孔的能量大小會影響到聚醯亞胺的碳化及孔內形狀，會造成上下孔徑不一樣的情況，也會影響到未來的填孔後的孔位置的平整度，此狀況在設計時要一併考量。

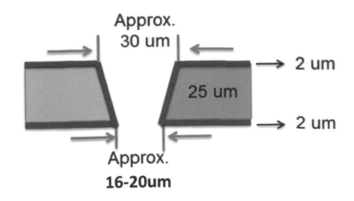

圖 6.51：雷射穿孔斷面圖

表 6.1：穿孔孔徑和銅電厚度比較表

孔徑	Cu=6μm	Cu=8μm	Cu=10μm	Cu=12μm
10				
20				
30				
40				

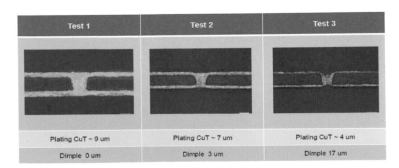

圖 6.52：銅電鍍厚度和填孔下陷的關聯

5G 世代軟板高頻材料及微細線路製程簡介

接下來對雷射完畢的孔內殘渣進行清除，有的會用電漿處理加化學除膠（Desmear）的方式去進行孔內清潔，再將清潔完畢的聚醯亞胺進行長種子層的流程，因通孔內的導通線路是和表層增層線路是一併加工成形的，並不會有表層銅厚度過厚的問題。

這種先孔加工的製程，孔徑的導電線路是和表層長銅線路一起將線路長出來，省去一次專門需導通孔的電鍍銅製程，可節省些成本。也因導通孔是在種子層長成前即進行加工，再去長種子層，只適合半增層法流程的濕式化學增層法，而物理乾式真空濺鍍法，濺鍍的金屬是沈積在產品表面上，要進行先孔加工可能會有產品信賴性的問題，不太建議去使用先孔加工製程。

先孔加工在成本上的確有競爭力，對於微細增層線路導入初期，不想投入太多成本去進行種子層的設備製程投資，又想要有先孔加工的成本優勢，可以與改良型半增層法的材料供應商合作，先孔及長種子層的部份，可以請改良式半增層法材料供應商去進行，如此可以大大節省投資成本，及降低產品的加工成本。

目前業界已有化學閉環法製做種子層的軟性銅箔基板廠，可以和板廠合作打件，進行先孔加工及種子層的製作，這對以半增層法製做微細線路的競爭力將有很大助益。

6-6 各工法的優缺點

乾式真空濺鍍法、濕式化學長銅法，以及壓著法這三種長種子層的工法各有其優缺點，可參閱表 6.2 的比較表。

表 6.2：各工法的優缺點
SAP（MSAP）Process － ability
○：優　△：中　X：劣

項目		壓著法	濕式化學增層法	乾式真空濺鍍法
信賴性	剝離強度	○	△	△
	尺寸安定性	△	△	○
	耐焊錫性	○	△	△
價格	聚醯亞胺膜	○	△	△
	銅箔基板	X	○	X
產能	生產能力	△	○	X

第六章 軟板半增層法製程種子層加工方法介紹

6-6-1 壓著法的優缺點

　　表面上看起來是壓著法有很多的優點，但是因其種子層的厚度約在 1.5μm 以上，這會有二個很大的缺點。

A. 細線路的能力

　　下表是列出種子層的厚度和線路線距的關係表，以 1.5μm 的種子層，約可製作線距 10/15μm 的線路，但是這能力應無法滿足未來 5G 時代的超微細線路的需要，可以說是過渡期的中間產品。

表 6.3：種子層的厚度和線路線距的關係表（來源： 三井金屬目錄）

MicroThin™ Line up

Variations		Surface roughness [μm]	Target L/S by MSAP ※	Thickness [μm]			
				1.5	2	3	5
Standard	MT18SD-H	Rz 3.0	25/25 μm	-	-	○	○
Low Profile	MT18Ex	Rz 2.0	20/20 μm	○	○	○	○
Very Low Profile	MT18FL	Rz 1.3	10/15 μm	○	○	○	-

※ MSAP: Modified Semi-Additive Process

B. 線路的形狀

　　因線路形成最後要有一道去除種子層的微蝕刻製程，種子層越厚，代表所需的蝕刻量越多，相對的在線路的電流前端效應及上底的表面平整度皆會有影響，這對微蝕藥液的選擇是比較少的，可能需要花較高的成本去使用特別的微蝕藥水，但是若客戶產品的線路外觀不是很在意，微細線路只是單純用在高密度線路而不必打件，那壓著法是可以考量的。

　　而壓著法的優點，因其加工法是和傳統的減銅軟性銅箔基板的材料相同，只多了一層支撐材層，一些材料的特性是和現在蝕刻線路的產品特性是相同的，特別是拉力值是遠勝過其他的二種製程，單價方面就視支撐材層的回收再利用，及選用的聚醯亞胺材料的特性去考量，這比較難客觀地去判斷，但可以肯定的是材料的相關特性是這三種方法中最佳的。

6-6-2 真空濺鍍法的優缺點

真空濺鍍法應用在覆晶薄膜（COF）材料已經有一段時間，因有很多量產的實績，所以一些製程的參數是比較容易取得，問題的發生及對策也相對較少。對一些想導入改良式半增層法的廠商是比較容易取得資料及做好管理。但是存在的缺點：

A. 拉力強度

銅箔及聚醯亞胺之間的拉力強度不及壓著法是一大問題，目前大約可以在初始值約 0.6N 左右，這一點因微細線路的特性不是在強調極佳的撓曲性，拉力的標準或許可以再降低，但是如果軟性銅箔基板廠的條件沒有能控制好，極有可能會發生少數位置不良，這時要發現及排除這些不良就很麻煩。

B. 材料單價

材料的單價在這三種方法中是相對偏高，因為製程中要投入許多的電漿及濺鍍設備，這些設備的耗材又是較昂貴，成本上相對高。

C. 設備寬度

雖然真空濺鍍法已應用在覆晶薄膜產品一段時間，但是覆晶薄膜的設備寬度是固定且較小，而軟板設備上，寬度相較覆晶薄膜設備要寬很多，且覆晶薄膜的產品目前大多是單面板，雙面覆晶薄膜製程目前還是有很多問題，而軟板用改良式半增層法製作的微細線路多應用在雙面板，在雙面板所需的製程及設備開發，還是要業者及材料設備供應商去努力。

6-6-3 化學增層法的優缺點

化學增層法是近期比較多人討論及使用的方法，他有很多的優點值得板廠考量採用，但是還是有一些問題待克服。

A. 拉力強度

因是用化學增層的種子層，所以導體和聚醯亞胺的拉力是三者中較差的，但這一點，因材料開發商的努力，拉力值已漸漸提高，目前初始值可達 1N 以上。

B. 清潔成本增加

製程長銅的過程中，種子層會有鎳或是鉻，如何有效地清潔這些異類金屬，需多一些清潔的製程，而致成本增加。

而化學增層法的優點如下：

A. 先孔加工可行

只有在此方法才可以先孔加工，在先前的章節篇幅中已經有介紹過，對成本及品質有很大的優點，這裡就不再重覆說明。

B. 設備、藥水易取得

因長種子層的設備及藥水皆不是什麼很特別的產品，只要和藥水及設備供應商討論，可以自己去進行種子層的生成。原料的自製，對於產品的品質管控及成本的管控，皆是一大優點，當然決定自己去進行長種子層的製程投入，即會增加一些必要設備的投資，在導入初期，並不建議自己去長種子層，待市場規模達一定的程度，再進行必要的投資考量。

C. 通用於大多數的聚醯亞胺材料

因化學增層法的聚醯亞胺層是和一般的聚醯亞胺是相同的，現行的聚醯亞胺材料大多皆可用，對一些有特別需求的聚醯亞胺只有此方法可行，例如未來 5G 時代的透明聚醯亞胺，利用本方法應很容易可以製成透明產品所需的微細線路。

D. 材料成本相對較低

材料成本上應是這三種方法中最便宜，這一點因各材料供應商的採購及和板廠的合作策略關係，本項僅供參考。

6-6-4 如何決定何種種子層

如同先前所介紹，5G 時代會有很多的新的產品會使用到用半增層法製程的微細線路，但在導入初期應是少量多樣的型態居多，筆者建議，先架構一小型的改良型半增層法的生產線，長種子層的銅箔基板，可以向材料供應商購買，先從改良型半增層法的乾膜壓合工程開始到線路微蝕工程為止的這些製程的材料，設備及條件的 SOP 先訂定好，依客戶需要的樣本的特性去選用合適的種子層生成的材料。

如客戶需要尺寸安定性佳的材料，可以用乾式真空濺鍍的材料配合宇部或杜邦的材料，如客戶需要接著強度高，又不太在意導體形狀的產品，可以考量用壓著法的材料。如客戶需要成本較低又是比較薄的製品時，可以考量選用濕式化學增層法的材料，等到產品的量已足夠到一定的程度，再去依未來的趨勢，考量長種子層的方法，因軟板半增層法的製程才剛起步，或許未來會有更佳的長種子層的方法出來也是有可能的。

本章小結

　　種子層的生成是半增層法製程中最重要的關鍵，會影響到後續產品的品質、成本，以及相關信賴性的問題。

　　目前的三種方法，皆各有其特色，但也有缺點，在決定要投入何種子層的產品時，還是要經過各項的小量測試及評價，仔細計算產能及客戶的需求，在一開始設計出最佳的製程，才能避免後續很多的問題發生。

5G 世代軟板高頻材料及微細線路製程簡介

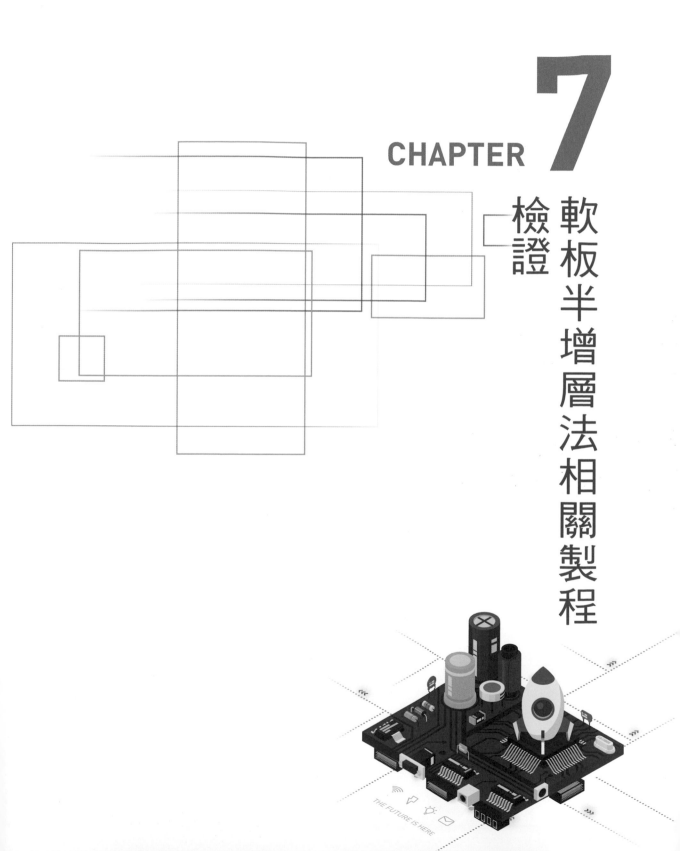

CHAPTER **7**

軟板半增層法相關製程檢證

第七章：軟板半增層法相關製程檢證

上一章已介紹各種種子層的製造法，接下來我們要介紹半增層線路其他主要材料的選定及評價方法，要評價的材料主要是軟性銅箔基板及乾膜，還有各製程所需條件的設定。

當然如果要自己去製造種子層，那所要評價的項目會增加聚醯亞胺的選定及一些長種子層的藥液和設備。

7-1 乾膜的評價

乾膜評價是決定未來要使用何種乾膜材料的依據，評價的項目有下列各項目：

A. 乾膜的壓合條件。

B. 乾膜的斷點評價（Break Point；BP）。

C. 曝光條件的評價。

D. 乾膜剝離點的評價（Left Point；LP）。

E. 長銅實際作業評價。

表 7.1：乾膜的評價流程及項目表

評價流程

評價項目

工程別	評價項目	數量	判定方式
乾膜壓合	壓合作業性驗證	15m	作業過程確認
顯像點評價	乾膜顯像（BP）點	3m	遮板評價，抓取 1x 顯像（BP）點
露光	乾膜感光能力確認	1m/ 光量	積光量 vs 段數 需為線性
	細線密著性評價	5SH/ 光量	廠內樣品評價
剝離點評價	乾膜剝離（LP）點	3m	遮板評價，抓取 1x 剝離（LP）點
製品實測	MSAP 測試品評價	80m	待評價用製品入廠

7-1-1 曝光條件的決定

基本上好的乾膜積光量和段數是呈現線性關係，要決定適合的乾膜還是以實驗計劃法（DOE）去找到適合板廠設備的乾膜，除非現有的曝光機已老舊，否則建議不必再花成本去投資新曝光機。

每家乾膜廠商的材料皆會特別說明該材料的優點，而不會註明問題點，這還是要板廠的工程師有耐心一步一步去評價這些材料。如果材料及條件決定了，後續再發現有問題，要補救或更換材料是很麻煩的。

評價步驟，首先準備一些想要使用的各廠牌材料，這些乾膜供應商的考量除了價格外，服務和技術力也要一併考慮，最好有乾膜工廠在板廠附近，這樣有問題可以很快地進行討論，後續若有新的需求，如想要短縮曝光時間，乾膜的供應商也可以協助，如果地點太遠，或是只有代理店，那要討論會比較困難。

表 7.2：初步乾膜選定雷達圖

廠牌	甲 社 編號XXXX	乙 社 編號XXXX	丙 社 編號XXXX	丁 社 編號XXXX	戊 社 編號XXXX
雷達圖					
評分	75	52	62	68	53
小結	評分：甲社 > 丁社 > 丙社　將進行評價　　　乙社 & 戊社：不進行評價				

我們可以用雷達圖由 5 種材料簡單找出三家要評價的材料，由表 7.2 雷達圖的得分，選定甲社、丁社、及丙社的乾膜來進行後續特性評價，為使研讀容易，我們簡單用甲社的材料叫 A 社；丁社的材料叫 B 社；丙社的材料叫 C 社。

接下來要熟讀這些材料的說明書，找到材料的壓合及曝光條件，有關壓合條件，建議儘量能和現有的減層法條件一樣，可以省去條件設定的作業及溫度變化的等待時間。

如果要製作改良型半增層法的軟性銅箔基板已決定，用這有種子層的軟性銅箔基板當測試的材料最佳，如果尚未決定，因種子層一般會有一 $2 \mu m$ 以下的電解銅種子層，也可以用一般易取得的比較薄的電解銅即可，（$10 \mu m$ 以下為佳）進行評價。

曝光機的選定，建議用雷射曝光機（LDI），若沒雷射曝光機也要選用平行性良好的曝光機。平行性良好的判定，可以用段數表去做確定。

接下去依材料說明書的建議條件做成積光量及段數的推移表，完成後可以了解相對應的曝光時間，以及材料的線性關係，這是確定乾膜及曝光條件設定的第一步。

由下表為例，可知 A 社和 C 社是比較合適的乾膜

表 7.3：各種乾膜曝光段數及積光量關係圖

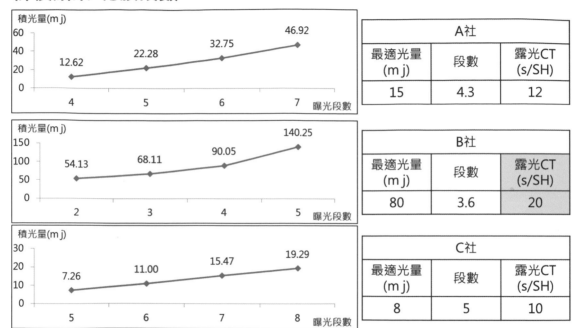

由表 7.3 可以看各乾膜的露光段數及積光量呈現線性關係，接下來要確認這三種乾膜的細線路能力，此時要設計一張測試光罩，一般的產品微細線路會有三種線路佈局，即為線寬（L）/線距（S）相同、線寬大於線距或線寬小於線距，各廠牌的乾膜會和這三種線路有不同特性，必須分開確認。

表 7.4：測試微細線路設計

L/S	相同L/S	大L/小S	小L/大S
式樣	▮▮▮▮	▰▰▰	‖‖‖
圖示			

圖 7.1：測試光罩圖

　　以此測試光罩（圖 7.1）去進行曝光，因有先測試各乾膜的積光量（Micro Joule；MJ）及段數的關係，我們可以試不同段數的條件來進行曝光，再將曝光完成的樣本依供應商建議的顯像條件去進行顯像作業，顯像完成，再以高倍顯微鏡，或是電子顯微鏡進行全面性的檢查，調查各乾膜能製作的最小線路或是最小間距的能力。當然這是極限值，真正的條件還是要有一些規格加嚴值，同時也可以以這測試的結果和乾膜供應商討論實驗結果和理論值的差異，並請求協助改善或是能力提升的方法。

評價結果-細線密著性

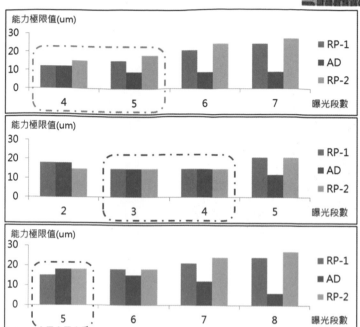

A社			
光量 (m j)	RP1 綜合能力	AD 密著	RP2 解像
15	12	12	15

B社			
光量 (m j)	RP1 綜合能力	AD 密著	RP2 解像
80	18	15	15

C社			
光量 (m j)	RP1 綜合能力	AD 密著	RP2 解像
8	15	18	15

　　由上面表 7.5，A、B、C 廠牌的乾膜測試結果來說，A 廠牌的乾膜可以洗出線寬 / 線距 =12/12 μm 的現像能力。

　　雖然廠商標榜線寬 / 線距可以到 6/6 μm 的實力，但經本回的測試結果，只能達到線寬 / 線距 =15/15 μm 的水準 左右，有可能是露光，乾膜壓合的條件，或是乾膜的保存條件沒有設定好，最好還是和乾膜廠商的工程師討論一下。

　　綜合上面的測試初步結果，A 廠牌的乾膜在積光量（作業時間），細線路的顯像能力的表現上最佳，當然還要考量價格及產能的影響。

表 7.6：乾膜選定總結比較表

供應商	A 社	B 社	C 社
感光性 (積光量v.s段數)	線性	線性	線性
最適積光量(mj)	15	80	8
露光CT (s/SH)	12	20	10
DF能力 RP1(綜合)	12	18	15
DF能力 AD(密著)	12	15	18
DF能力 RP2(解像)	15	15	15
單價	需求量不明,供應商無法回覆		
判定結果	解像能力最佳	回復評價結果 與供應商再討論	

7-1-2 剝離條件的評價

由上面，我們初步斷定 A 廠牌乾膜是最佳的，我們再來設計進行剝離條件的實驗設計測試，一樣取測試光罩，上面有各種線寬線距的線路，取相同的樣本進行曝光及顯像。

我們設定以不同速度的剝離條件去對各樣本進行剝離的測試。由下表我們可以發現 528 秒才可以將 L/S =10/10 的線路剝離乾淨。也可以得知線路越細，越難剝離，同時 528 秒對於產品的生產性不佳，這可以和藥液供應商討論使用專用的添加劑藥液，改善細線路的剝離能力。

表 7.7：乾膜剝膜測試板

SAP製程測試-TEG板剝膜測試

項目	DOE1	DOE2	DOE3
乾膜種類	A	B	C
Line速度	3.0 m/min	0.5 m/min	0.5 m/min*2次
剝離點(LP)	27 s	27 s	27 s
剝膜秒數	44 s	264 s	528 s
剝膜倍率	1.6倍	9.8倍	19.6
剝膜外觀			
測試結果	25/25以下線路乾膜殘留	15/15以下線路乾膜殘留	10/10線路無乾膜殘留
判定	X	X	O

7-2 聚醯亞胺金屬化的拉力測試

聚醯亞胺金屬化拉力通常是微細線路最難克服的問題點，所以我們要先介紹量測拉力值的標準方式。下圖 7.2 為拉力測試相關說明如下：

首先我們先用工具在軟性銅箔基板上切開二條沒有穿透的平行線，平行線寬度約 1cm。為了作業方便，我們主要是要了解種子層和銅層間的拉力值，厚度只是方便作業，銅電厚度並不是很重要。我們可以先將軟性銅箔基板全面鍍厚到 18 μm，12 μm。以下因銅太薄，作業上很容易將銅箔拉斷。

接下去我們用工具將聚醯亞胺層及銅電鍍層的邊緣撕開一小段。再用拉力機去進行拉力值的量測，因為種子層長成的方法在前章有介紹過包含真空濺鍍法、化學增層電鍍法，及壓著法，所以在材料的特性上也不一樣，如要取得一個比較客觀的資料建議要有銅箔基板的正面及背面拉力值、初始值（即先乾燥完成的拉力資料）以及信賴性（恆溫恆濕測試）完成後的資料。

我們取得軟性銅箔基板的供應商的樣本，即可進行各廠商的拉力值的評價，我們也要判斷撕開的介面是在哪一介面，有可能是在銅和電鍍銅之間，那應是板廠的電鍍條件不佳，而不是材料供應商的材料問題。

PI金屬化拉力測試

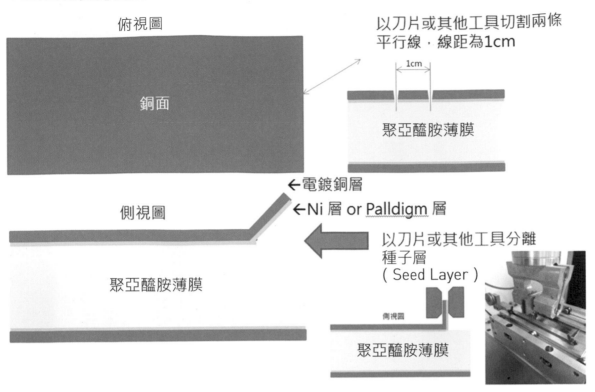

俯視圖

銅面

以刀片或其他工具切割兩條
平行線,線距為1cm

1cm

聚亞醯胺薄膜

←電鍍銅層

側視圖

←Ni 層 or Palldigm 層

以刀片或其他工具分離
種子層
(Seed Layer)

聚亞醯胺薄膜

側視圖

聚亞醯胺薄膜

說明:1.銅厚在拉力測試上並無設定厚度,考量設備作業下18um較為適當,12um失敗率較高。
　　　2.附著拉力測試是確認PI與種子層(Seed Layer)之附著強度,銅厚僅讓機台作業方便為主。

圖 7.2:軟性銅箔基板拉力測試

下表 7.8 為各社的拉力比較表：

表 7.8：各社的拉力比較表（來源：MEK）

Sputter 材評價結果

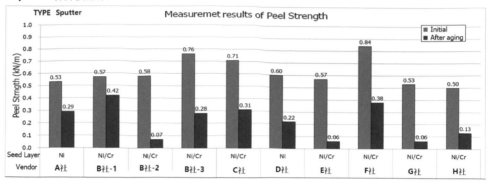

無電解Ni電鍍Plating 評價結果

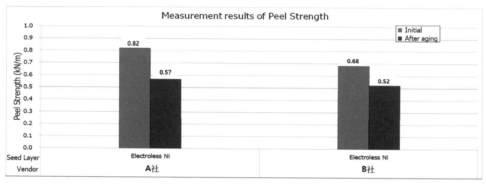

Laminate 壓著法 評價結果

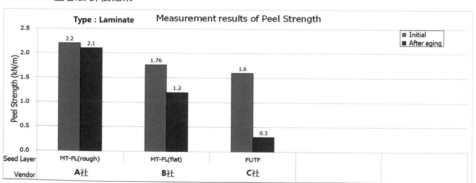

　　上面的結果是筆者自己測試結果的資料，拉力值的高低、是不是最佳的壓著條件等，並沒有很詳細地再三進行確認，拉力值僅供參考。

由上面的測試能歸類出下列的結果：

真空濺鍍的種子層材料和濕式化學法的拉力值差不多。壓著法的拉力值最大，前面章節已說明，壓著法因種子層的厚度，微細線路的線寬線距會比其他的二種方法大。

拉力值在乾式環境及信賴性測試後的拉力值會隨材料不同而有極大不同樣程度的下降。

拉力值會依聚醯亞胺的供應商及各供應商的式樣而不同，因是筆者自己測試資料，並非供應商的資料，故將這些供應商及材料的料號隱藏起來。基本上測試結果和供應商提供的拉力值差異頗大，各材料拉力值還是要自己測試為佳。

7-3 穿孔工程的評價

先前有介紹過先孔加工，一些化學電鍍工程可以進行先孔加工，但是在真空濺鍍材料及壓著材料並不適合。微細線路除覆晶薄膜（COF）的應用外，大多以雙面板居多，所以在評價材料時要一併評價通孔的能力。因是微細品，孔徑通常很小，目前皆以雷射穿孔機對應，最佳狀況是在穿孔及電鍍後能順便做好填孔的對應。

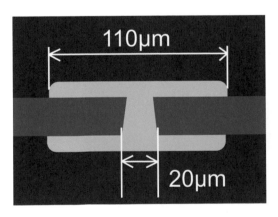

圖 7.3：填孔效果斷面圖

這時即要以測試線路去做最佳條件的設定，我們可以設計一張線寬線距不同，孔徑不同的製品，進行不同厚度的銅電鍍（圖 7.4），再將電鍍完成的鍍穿孔位進行斷面檢查（表 7.9），這樣大略可以找到不同孔徑合適的電鍍條件。

圖 7.4 的測試線路，我們可以製作線 / 線距 =10/10 μm 到 35/500 μm 的不同寬幅線路，線路上會有一連串串聯的雷射穿孔，孔徑是 15 μm 到 100 μm 不等，當然這

要配合測試線路的線寬線距去選定合適的不同孔徑雷射穿孔。將這測試線路利用電鍍時間的長短去鍍成 6 μm 到 12 μm 厚鍍的銅電鍍，這代表產品線路高度，利用這測試線路，可以找出最佳電鍍填孔的相關配合條件。

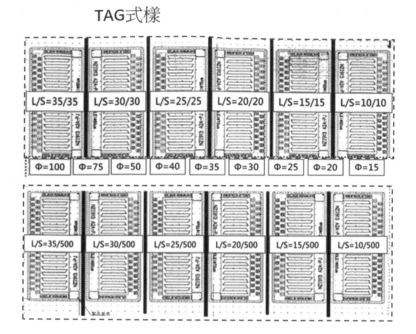

圖 7.4：孔徑及線路線距測試線路

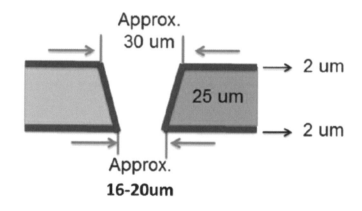

圖 7.5：雷射穿孔畢示意圖

　　下面表 7.9 表示不同孔徑及不同厚度材料電鍍後的斷面狀況，由圖表中可看出，孔徑在 10 μm 及 20 μm 比較可以完成填孔的狀況，30 μm 以上的孔徑要平整填孔是有難度的，同時用雷射加工後的穿孔形狀是呈梯字形的（圖 7.5），因電鍍電位差是相同的，可能會造成上下銅電鍍表面高度有些微的差異，在電鍍條件設定時需要注

5G 世代軟板高頻材料及微細線路製程簡介

意，盡量選用雷射穿孔梯字形狀上下孔徑大小一致的雷射條件，這也是另一個需要注意的課題。

表 7.9：填孔效果比較表

表 7.10 是對改良型半增層法製程上要評價的最基本的項目，包括穿孔、填孔的狀況、乾膜的材料及解析度、銅電鍍的能力、乾膜剝離的條件、微蝕刻的條件等。

表 7.10：改良型半增層法製程上要評價的最基本的項目表

流程評價項目

工程	項目	檢查工具	數量
UV成孔	1.作業性確認	到位確認	All
	2.孔外觀確認	切片	9孔/sh,3sh共27孔
	3.孔徑確認	CCD	9孔/sh,5sh共45孔
Ni層/Cu層 捲前/捲後各10sh	4.填孔狀況確認	切片	9孔/sh,3sh共27孔
	5.表面粗糙度確認	白光干涉儀	9點/sh,5sh共45點
	6.厚度均一性確認	CMI	9點/sh,5sh共45點
	7.拉力值評價(JCU)	JCU機台	0.8um&2.0um 捲內外各1點
DF壓合	8.作業性確認	到位確認	All
	9.解像能力確認	CCD	3點/pcs,12pcs共36點
銅電	10.作業性確認	到位確認	All
	11.銅電品質評價	CMI	9點/sh,5sh共45點
DF剝離	12.線路成型品質確認	3D scan	9點/sh,5sh共45點
	13.導通性評價	CCD,SEM	9點/sh,5sh共45點
	14.TH孔外觀確認	CCD,2.5量測	捲前5sh+捲後5SH

7-4 微蝕刻的評價

微蝕工程是導體線路最終形成立體形狀最重要的一道工程。要選用對各線路的邊角都能有抑制蝕刻的效果，使線路的斷面能保持矩形形狀。

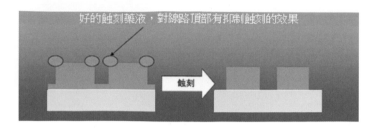

圖 7.6：微蝕刻效果示意圖

且要使銅和底銅的蝕刻效率一致，避免下底銅的蝕刻速度過快，產生下切腳線路的狀況發生。

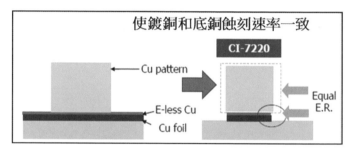

圖 7.7：微蝕刻效果示意圖（來源：MEC）

圖 7.8：微蝕刻畢微細線路樣本

微蝕藥液大多數的成份是硫酸雙氧水系加一些特別配方的添加劑，各廠牌建議及添加的條件不盡相同，最後的結果也不一樣。

有些廠牌的微蝕槽加工後還用酸洗清潔，有一些則用鹼性清潔液清潔，此依據各廠商的微蝕刻藥液不一樣而不同。

而微蝕的評價項目如下：

A. 蝕刻值的決定（線路外觀）

B. 蝕刻的清潔度（EDX 確認）

C. 蝕刻均一性（正背面）

D. 底部側蝕的確認

　　在決定要使用的微蝕藥液時，可以先選定數種不同廠商的微蝕刻藥水，再以電達圖確定二到三種廠商的藥水，由這二、三家產品中決定出最適合的一種。

　　要進行線上測試，需要花費很大的建置費用，且初期應沒有合適的量產設備可以測試，初期評價可以以杯瓶進行蝕刻值的測試，再和藥水供應商討論商借設備進行線上測試。

　　因為所選用的種子層的種類不同，真空濺鍍法有一些濺鍍的合金如鎳、鉻，化學增層法的種子層有鎳或鈀的元素，有可能單一微蝕藥液無法有效地完全去除不要的種子層異類金屬，這在種子層決定後，即可製作一些樣本去進行必要的微蝕測試，這一點在未來的產線設計是很重要的。

　　初期的蝕刻值決定是以小槽或是杯瓶進行蝕刻值的測試，種子層的厚度盡量能固定，以避免未來微蝕條件要經常變更，增加管理的變因，測試方法是先準備不同厚度的線路樣本，以不同蝕刻值去進行測試。

　　蝕刻值的量是以反應時間去決定的，可以用反應前的重量減去反應後的重量，除以反應量間即可得到一線性的時間及蝕刻值的圖表。

表 7.11：微蝕刻小槽噴灑測試比較表

位置	銅電畢			A藥液-杯瓶		B藥液-杯瓶	
				蝕刻值 3.4um		蝕刻值 3.9um	
1		總厚度	13.3	總厚度	9.5	總厚度	8.5
		--	--	底部側蝕	無	底部側蝕	無
2		總厚度	12.9	總厚度	8.5	總厚度	7.3
		--	--	底部側蝕	無	底部側蝕	無
3		總厚度	10.4	總厚度	6.5	總厚度	6.5
		--	--	底部側蝕	梯殘	底部側蝕	無
4		總厚度	10.4	總厚度	6.8	總厚度	6.2
		--	--	底部側蝕	梯殘	底部側蝕	無

小槽噴灑測試，蝕刻值3.9um可去除銅電和線路的梯殘

　　我們可以選用數個不同微蝕刻值的藥液，針對不同厚度的線路去比對蝕刻前後斷面的形狀確認，基本上要看種子層的清潔狀況、殘腳及下切腳、確認線路形狀是矩形的形狀、邊緣的直角形狀等等。

　　微蝕刻前的線路斷面切片檢查是破壞性的實驗，建議只取一小段去進行切片，再用同一張樣本去進行微蝕刻。微蝕刻後的斷面取樣位置，選擇離蝕刻前切片位置不遠處的同一線路去做斷位切片，這樣比較不會有取樣上的誤差。

圖 7.9：樣本取樣位置示意圖

微蝕的蝕刻量確定好後，在未來線路寬度設計以及製程銅電厚度的訂定時，要給予補正，才不會發生線路寬度或是線路的厚度規格異常的狀況。

小杯瓶的蝕刻量測試後，要進行線上的微蝕測試，這時有二個方式：

A. 向藥水供應商討論商借設備，去進行測試

B. 板廠自己建置一條生產線進行測試

成本上當然以案 A 較佳，但是在條件及評價結果的正確性上以案 B 較佳，這在進行微蝕條件測試計劃時，即應決定。

因為我們已有小量的實驗線（杯瓶）測試得到一概略的蝕刻值，在產線上測試即以杯瓶測試得到的蝕刻值當中心值，再建立數個不同微蝕值的實驗設計測試，因生產線有噴嘴及滾軸的變因，所以會和杯瓶測試的結果有一些差異，而切片位置和判定方法與少量的杯瓶測試的方法是相同的。

表 7.12：微蝕刻產線測試比較表

位置	銅電畢		A藥液 蝕刻值 3.8um		B藥液 蝕刻值 4.6um	
1	總厚度	11.2	總厚度	7.2	總厚度	6.2
	--	--	底部側蝕	無	底部側蝕	無
2	總厚度	13.2	總厚度	9.0	總厚度	8.0
	--	--	底部側蝕	無	底部側蝕	無
3	總厚度	14.1	總厚度	9.6	總厚度	8.5
	--	--	底部側蝕	無	底部側蝕	無
4	總厚度	14.4	總厚度	9.9	總厚度	9.2
	--	--	底部側蝕	無	底部側蝕	無

線上的測試除了要觀察線路的斷面外，還要檢證微蝕的清潔度。檢證的項目有二項，一是用高倍顯微鏡來進行外觀的檢查。如下表（表 7.13），我們可以在微蝕量 3.3 μ m 時可以發現在線路位置 3 有銅殘留。

表 7.13：微蝕刻清潔度確認表

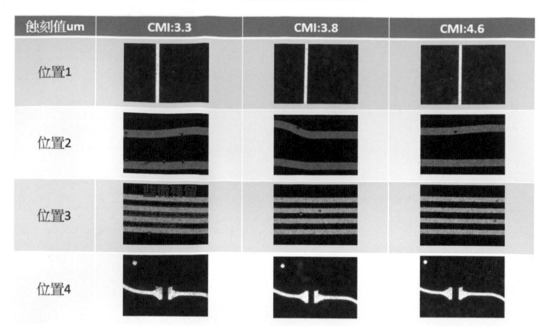

蝕刻值um	CMI:3.3	CMI:3.8	CMI:4.6
位置1			
位置2			
位置3			
位置4			

1.線上測試蝕刻值3.3um 有發現些微殘留
2.測試蝕刻3.8um&4.6um皆為Pass。

　　另一個是用電子顯微鏡在洗掉的種子層後露出的聚醯亞胺上面去進行能量散射 X 射線分析（EDX）。下表（表 7.14）是經過分析檢查出來的結果，聚醯亞胺上除了碳、氧、矽外沒有其他的元素，碳、氧是聚醯亞胺的主要元素，矽是因本次為化學閉環法的樣本，所以有一些奈米矽的元素被檢測出來，為正常的現象，表示用微蝕量 3.8 μ m 以上的條件是可以有效去除種子層。

表 7.14：微蝕刻清潔度 EDX 分析表

蝕刻值	3.8um	4.6um

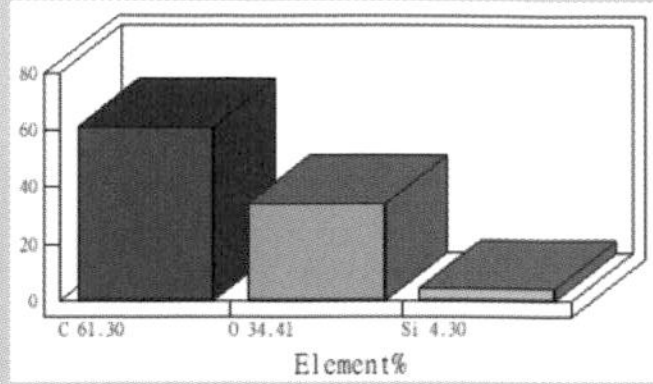

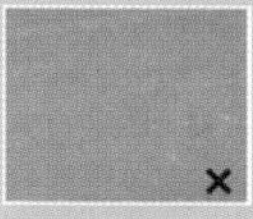

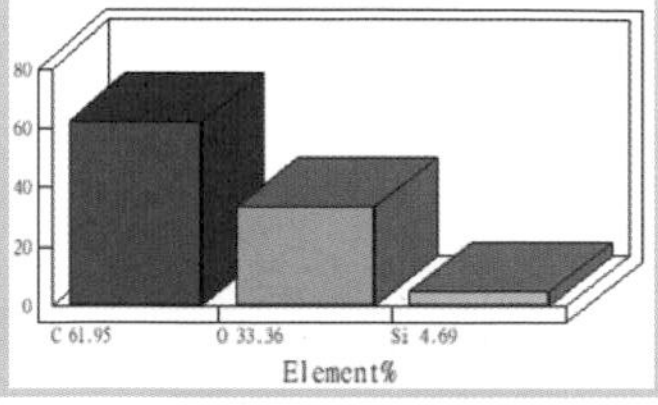

蝕刻值3.8&4.6um EDX確認PI上沒有殘銅

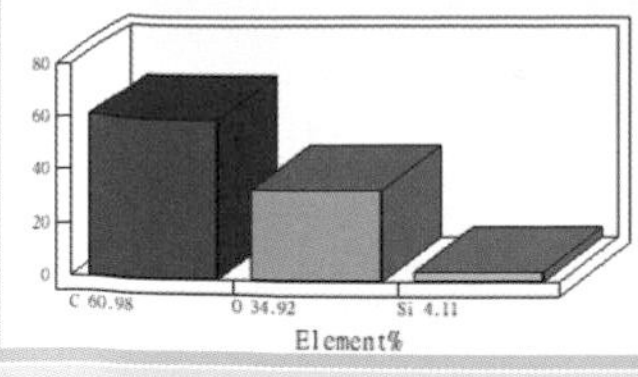

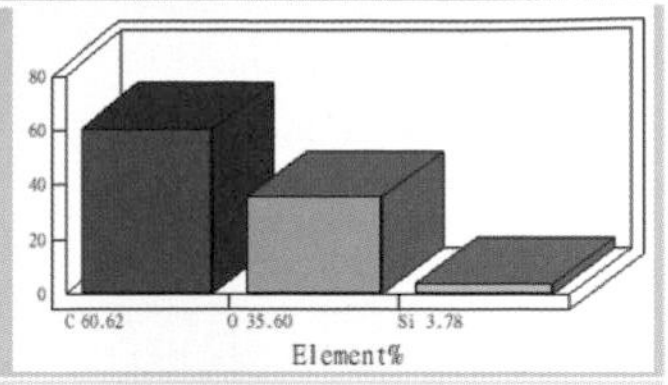

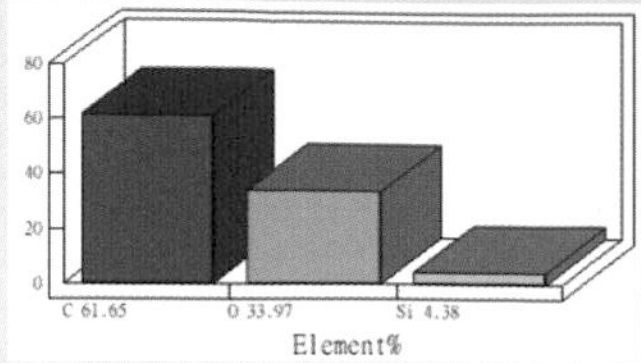

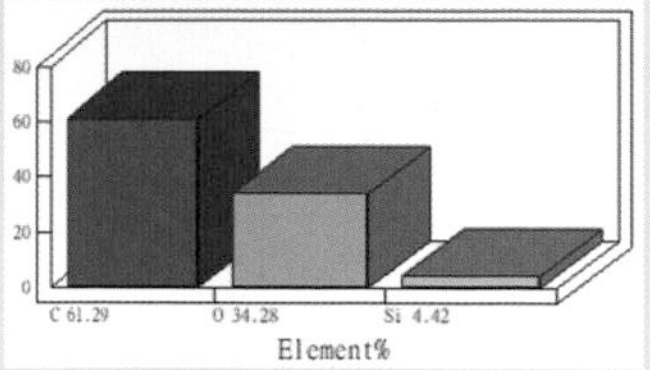

接下去要檢證線上產品微蝕的均一性，這一項是比較容易被忽略，但是卻很重要的項目，如果線路的微蝕量均一性不佳，微蝕量過大會使線路的斷面形狀不佳；微蝕量不足，可能會導致線路的清潔度不足造成信賴性問題，利用這一項的檢證，才能確保產品全體導線的安定性，同時如果有發現特別異常厚度位置時，也可以針對該位置產線的噴嘴進行調整或是其他相關的可能要因進行解析及對策。

微細軟板通常是雙面板，均一性的測試要進行正反面的檢證，正反面的檢證方法是一樣的。

表 7.15：蝕刻均一性（正面）

蝕刻均一性(正面)

1. Uniformity：[1- (Max-Min)/(2*Average)] *100%
2. Test equipment：皮膜去除
3. 蝕刻值：4.5+/-0.7um
4. Thickness measuring method：CMI (um, up to 2nd decimal place)
5. Test quantity：30 points/sh * 3 sheets (Roll front, middle, end)

Item	Thickness measuring location/distance(mm)	Measurement result(um)						Thickness distribution (contour chart)
Copper Remain-ing	60 60 60 60 60 60 / CMD / MD	4.6	4.6	4.6	4.4	4.5	4.6	
		4.7	4.6	4.5	4.4	4.4	4.6	
		4.6	4.6	4.4	4.5	4.5	4.7	
		4.4	4.7	4.5	4.4	4.7	4.7	
		4.7	4.7	4.4	4.4	4.6	4.4	

Value	Max	Min	Avg	Std	Cp	Cpk	R
	4.7	4.4	4.5	0.12	1.98	1.85	0.4

Copper remaining Uniformity：[1- (4.7-4.4)/(2*4.5)] *100%=95.8%

Summary：Copper remaining Uniformity: 95.8%>90%

表 7.16：蝕刻均一性（背面）

蝕刻均一性(背面)

1. Uniformity：[1- (Max-Min)/(2*Average)] *100%
2. Test equipment：皮膜去除
3. 蝕刻值：4.5+/-0.7um
4. Thickness measuring method：CMI (um, up to 2nd decimal place)
5. Test quantity：30 points/sh * 3 sheets (Roll front, middle, end)

Item	Thickness measuring location/distance(mm)	Measurement result(um)						Thickness distribution (contour chart)
Copper Remain-ing	60 60 60 60 60 60 / CMD / MD	4.4	4.4	4.4	4.4	4.4	4.5	
		4.4	4.4	4.5	4.4	4.3	4.4	
		4.5	4.4	4.6	4.5	4.5	4.5	
		4.4	4.5	4.6	4.4	4.6	4.4	
		4.3	4.4	4.6	4.5	4.6	4.6	

Value	Max	Min	Avg	Std	Cp	Cpk	R
	4.6	4.3	4.5	0.10	2.42	2.28	0.3

Copper remaining Uniformity：[1- (4.6-4.3)/(2*4.5)] *100%=96.2%

Summary：Copper remaining Uniformity: 96.2%>90%

均一性的測試方式為取一卷銅材進行微蝕刻，依設定的蝕刻量進行加工，再取銅材前、中、後各三張進行微蝕量的確認，每張平均取 30 個位置做量測。

因取樣數量很大，微蝕量的量測可以使用面銅測厚機（CMI）去進行確認，面銅測厚機的原理是通過微電阻來量測，該機器有 4 根探針，外測的二根探針提供電源，內部的二根探針是一電壓表，量測時 4 支探針同時接觸被測位置的銅表面，形成一電氣迴路，依據公式 R=U/I 可得出 R，再依公式 R=P×（$^{L}/_{S}$）即可計算出銅的厚度。

註：公式說明，電阻（R）、電壓（U）、電流（I）、電阻率（P）、長度（L）、截面積（S）

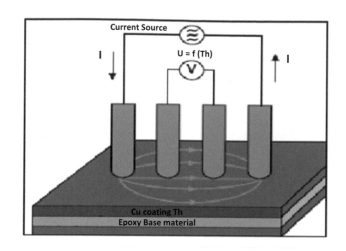

圖 7.10：CMI 測厚原理

使用此設備前最好能進行切片的校正，確保量測數據的正確性。

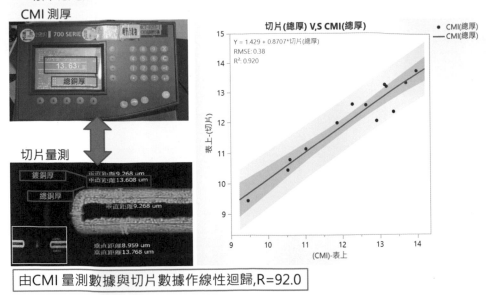

厚度(CMI量測V.S切片量測)線性回歸

- 切片 vs. CMI 線性迴歸

CMI 測厚

切片量測

由CMI 量測數據與切片數據作線性迴歸,R=92.0

圖 7.11：CMI 測厚回歸圖

　　我們可由量測的 30 點做一面銅微蝕厚度的分佈圖，並且得到微蝕量的最大值、最小值、平均值、精度（CP）、及精準度（CPK）。

　　判定基準是均勻度＝〔1 －（Max － Min）/2*Average〕*100%，均勻度 >90%（越大越好）基本上即可判定是 OK 的。

　　註：公式說明，最大值（Max）、最小值（Min）、平均值（Average）

　　最後要量一下微蝕後線路表面的粗糙度，因為後續會進行表面處理工程，（EX：防鏽、鍍金，或是化金）表面粗糙度過大時，表面處理後的顏色、特性以及模組使用上會有影響，這需要注意，不過目前表面粗糙度並沒有固定規格，還需要視應用用途，再進行各別規格訂定。

➤ 表面粗糙度確認

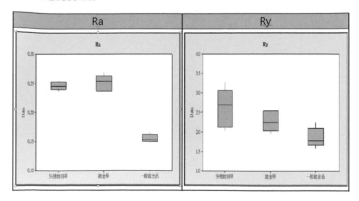

圖 7.12：表面粗糙度分佈圖

本章小結

　　本章很詳細介紹一些半增層法產品的評價項目，其中以拉力以及線路的最小線寬線距能力，是最重要的項目。另外產品厚度的均一性，也會影響到後續微蝕的條件，建議選用較多的材料及藥水去進行各種條件的評價。

　　本章列舉的只是最基本的評價項目，各板廠未來要導入時，可以視本身及客戶的需要，再設計出屬於自家製程技術的評價項目。

5G 世代軟板高頻材料及微細線路製程簡介

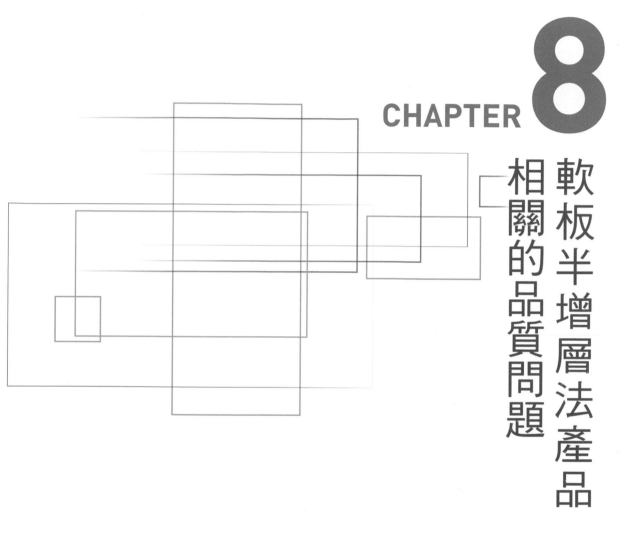

CHAPTER **8**

軟板半增層法產品
相關的品質問題

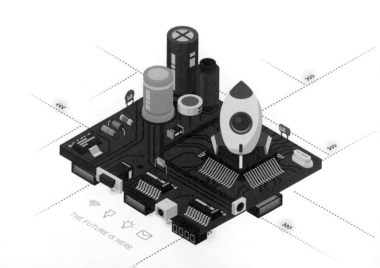

第八章：軟板半增層法產品相關的品質問題

　　半增層法製程應用在軟板的微細線路方法為剛起步的階段，很多的品質問題及不良樣本出現不多，很多不良項目是發生在線路形成以後的製程，筆者在本章列出一些一定會遇到跟微細線路有關的不良項目。

8-1 乾膜密著性不佳

　　乾膜密著性不佳，顯像後有可能會產生顯像後乾膜底部剝離的狀況。在銅電鍍長線路時，乾膜底部的間隙會長出銅。

　　如下圖 8.1 是乾膜壓著後顯像畢的樣本，樣本的種子層是 $0.2\,\mu m$，顯像後乾膜的寬度是 $12\,\mu m$，左邊是乾膜壓著不密合，在顯像後乾膜底部有輕微剝離的狀況，右邊對照組是乾膜壓著密合，在顯像後乾膜底部沒有剝離。

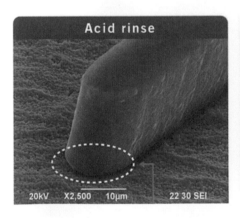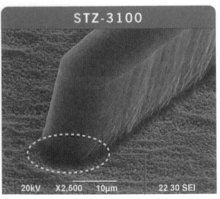

圖 8.1：乾膜壓著不良樣本（來源：美格產品目錄）

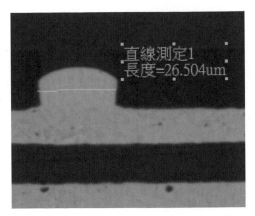

圖 8.2：微蝕不良樣本

　　乾膜剝離後，線路的底部邊緣厚度會較厚，這會造成微蝕不乾淨，嚴重時會有微短路或是信賴性的問題，而改善對策如下說明。

A. 種子層的表面不潔或是表面粗糙度不佳

　　改善對策是在乾膜壓著前先進行前處理，因種子層厚度極薄，前處理的條件要非常小心，否則會造成種子層被蝕刻掉。同時因種子層的外層大多是電解銅，但除了銅外，為了某些目的有些種子層會同時鍍上一些異類金屬，所以前處理的藥水選定就需要特別注意。

B. 乾膜壓著的條件設定不佳

　　在前面章節已有介紹，如果乾膜的條件沒有設定好，會造成密著性不足，發生顯像後乾膜剝離的狀況，改善方法是重新確認乾膜的壓著條件。

C. 曝光的條件不佳

　　曝光機的繞射狀況會造成乾膜底部的曝光量不足，而產生顯像後底部剝離的狀況，改善方法是選用較好的曝光機，一般的曝光機大多很難改善曝光繞射的狀況，使用比較好的曝光機如雷射曝光機（LDI）是一個比較好的改善方式。

　　圖 8.3 的樣本是種子層 0.5um 真空濺鍍的材料，樣本的線寬 / 線距 = 3/ 3 μm。左邊的樣本因曝光機繞射而導致曝光量不足，顯像後發生底部乾膜剝離，　右邊對照組則沒有發生這狀況。

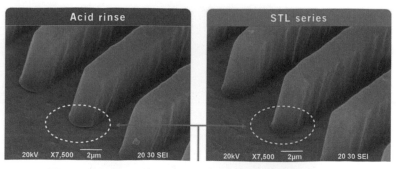

圖 8.3：乾膜壓著不良樣本（來源：美格產品目錄）

8-2 微蝕不乾淨

微蝕不乾淨是在改良型半增層法製程中很容易發生，因為要讓線路的立體形狀良好，所以微蝕量通常不會很大，但相對就容易有種子層的金屬殘留，而發生產品信賴性的問題。發生原因及改善對策說明如下。

A. 選用的微蝕藥液不正確

因為種子層產生的工法不同，主要有真空濺鍍法、化學開閉環法以及壓著法。除了壓著法是純銅外，真空濺鍍法的種子層有濺鍍的合金（大多是鎳或鉻）及外層的銅，銅大部份是電鍍上去，能去除種子層銅的微蝕刻藥液也能去除線路的銅，相對的地對鎳 / 鉻的去除效率可能會不佳，這會造成線路過度蝕刻的狀況，所以建議採用二道微蝕是比較好的製程設計，第一道先去除種子層表層的鍍銅（相對也會去除導線的鍍銅），第二道去除種子層底層的異類金屬。

而化學開閉環法的種子層表層是鍍銅，底層是鈀及鎳，因鈀、鎳的成分不多，很容易在微蝕銅時一起被去除，不見得要二道微蝕製程，但是為了確保產品微蝕後的清潔度，還是建議採二道微蝕刻的設計較佳。

圖 8.4 的樣本是種子層厚度 0.15 μm（銅 0.1 μm 鈦厚度 0.05 μm）真空濺鍍法材料的斷面圖，線寬線距 =3/3 μm，最左邊的斷面圖是去種子層微蝕前的相片，中間的圖是用了不恰當的微蝕藥液，只微蝕掉銅金屬，留下鈦金屬。最右邊的斷面圖是用了正確的微蝕藥液，能有效的將種子層的金屬（銅、鈦）完全清除。

圖 8.4：良好微蝕資料樣本（來源：美格產品目錄）

B. 種子層的表面不潔、殘留有機物

　　可能是顯像不乾淨、乾膜殘留，或是產線的滾軸、水等不潔而造成異物殘留。改善方法基本上是針對異物的發生源進行清潔。如果不良率或是產品殘留物仍高，可以考量在微蝕刻前追加電漿處理，清除這些有機的殘留物，不過根本還是保持設備的清潔，從發生源去因應對策，才是正確的。

8-3 下切腳（Undercut）

　　下切腳是微細線路經常遇到的問題。如果下切的狀況嚴重，會造成線路剝離。

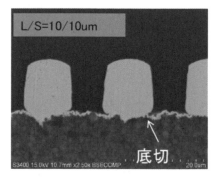
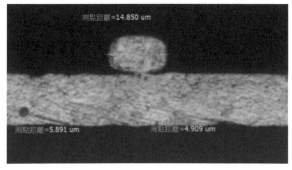

圖 8.5：下切腳樣本

　　下切的狀況在線路增層完畢即已形成，但在微蝕後會更嚴重，特別是種子層的厚度較厚或是線路寬度很細，造成的問題會更嚴重。

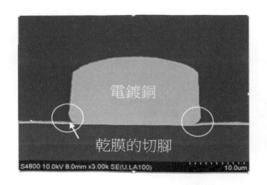

圖 8.6：下切腳樣本

　　會發生下切腳的主要原因是在乾膜顯像時沒有將乾膜底部的光阻殘渣（Scum）有效去除，特別是當線路的線距小、線路的厚度大時，因顯像藥液無法有效的流到最底層的種子層表面，或是乾膜和種子層的接觸位置，使種子層的表面或是乾膜底部有光阻殘留，在下一長銅的工程即會因這些光阻殘渣的影響，而無法長銅導體，光阻剝離後，這些殘渣即形成下切腳的狀況。

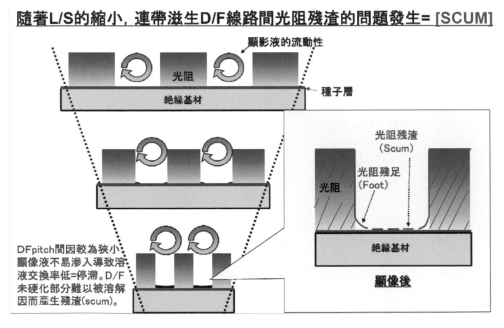

圖 8.7：光阻殘膠示意圖（來源：JCU）

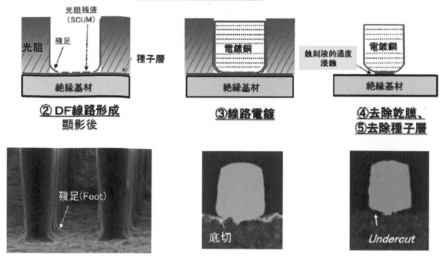

因D/F線路間有著光阻殘渣=[SCUM]的殘留，在線路電鍍後或是快速蝕刻後，就會產生Undercut的問題。

圖 8.8：下切腳發生原因示意圖（來源：JCU）

要改善下切腳的發生有很多的方式，詳細說明如下：

A. 乾膜的選定、曝光機的性能以及顯像機的能力要適合

下切腳主要是有曝光乾膜的光阻殘留在長銅位置，如果能選用繞射少的曝光機，乾膜顯像溶解完全，以及顯像機流動性佳的組合，這樣即能避免光阻殘渣的發生，也就是使用最佳的設備、材料及條件去減少下切腳的發生。

B. 電漿處理以及化學去殘膠法

如果因產品線路的要求真的很嚴格，例如線距很小，線路的厚度很厚，這狀況下光阻殘渣要正常去除是有難度的，那就要考量特別除渣（De-Scum）的工程，目前特別除渣的方法有二種，第一種是線外的電漿處理（Plasma Treatment），因光阻通常是有機物，用電漿是可以將一些尚未完全感光反應的光阻殘渣去除。

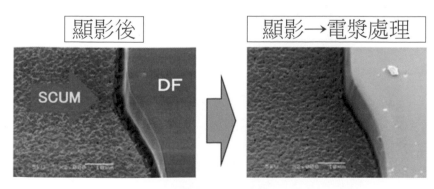

圖 8.9：電漿效果（來源：JCU）

但因顯像工程是濕製程，而電漿處理是乾製程，無法將這二道製程安排在同一產線上，用這一種方法要線外製作，等於是多了一道製程。

第二種是化學去殘膠法（Chemical De-Scum），因光阻殘渣是未硬化的光阻，利用一些特別的藥液可以在很短的時間內針對這些未硬化的光阻去除，即可減少下切腳的發生。此種方式的好處是在濕製程中製作，所以可以在顯像產線多這一道濕式除渣製程，這樣在作業上會方便很多。

圖 8.10：化學藥液除膠效果

8-4 乾膜剝離不乾淨

乾膜剝離不乾淨，會有乾膜覆著在種子層上，下面的微蝕工程因種子層上有乾膜殘渣，造成微蝕藥液無法和種子層發生反應，而有種子層的金屬殘留，造成製品短路。

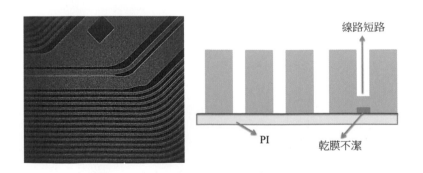

圖 8.11：乾膜不潔不良樣本及示意圖

發生原因及改善對策詳細說明如下：

A. 線路的線距過小

　　線距小、導線厚度高的線路設計，造成剝離液無法清洗掉線距底部的乾膜，而造成乾膜殘留。

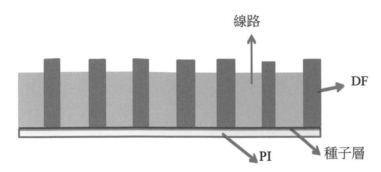

圖 8.12：高立體導體示意圖

　　因為很厚的乾膜層加上很窄間隙，剝離藥液在剝離初期，乾膜因吸濕膨脹而不易洗出，在底部的乾膜最後會因剝離液反應的時間不足，而無法將乾膜完全去除掉，改善對策是儘量避免這類的密集高立體線路設計，如果真的無法避免時，那就要和藥水供應商討論，有一些藥水供應商有特別的剝離藥液，可以將反應完的乾膜微細碎化，而容易的將乾膜剝離清洗出來。

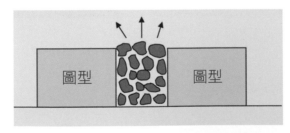

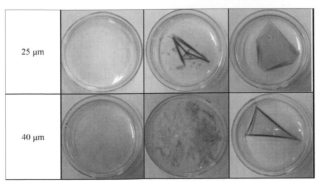

圖 8.13：各類剝離藥液剝離效果比較圖（來源： JCU）

至於碎化粒子的大小還是要依據反應時間、乾膜的廠牌、及曝光的條件而有所不同。

B. 固化乾膜薄化

另一種狀況是乾膜顯像時，有部分固化的乾膜剝離薄化，在長銅的過程中，線路的增厚會蓋過這薄化的位置和臨近的線路架橋，而產生線路短路。這狀況當然除表層架橋的銅之外，銅下方還有乾膜，而乾膜下的種子層也無法去除。

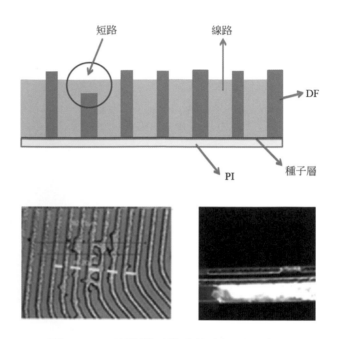

圖 8.14： 乾膜變形造成線路短路示意圖

發生的原因說明如下：

A 曝光機台的均一性不佳

曝光機台的均一性不佳造成部份位置的光感性不足，而造成乾膜曝光量不足，在顯像過程中造成乾膜薄化。對策是調整機台，或是選用曝光量均一性較佳的曝光機。

B. 透明異物的附著

乾膜壓著時有透明的異常物附著在乾膜內，曝光時造成光阻量不足，在顯像工程時，在光量不足的位置發生光阻薄化，這種透明性的異物，最常見的是乾膜壓著貼合時有產生氣泡。壓著氣泡發生的原因，除了乾膜本身品質，如來料時乾膜即有氣泡、壓著機台滾軸的狀況不佳（如打痕、傷痕）及材料本身的表面打 / 傷痕皆可能造成乾膜壓著氣泡。對策即針對壓著的氣泡，異物發生源進行改善。

近期有一款濕式乾膜，即在乾膜和軟性銅箔基板膠貼合時會在貼合介面會有一層很薄的水膜（圖 8.15）。當材料上有打/傷痕時，藥水膜會填滿這打傷痕孔，同時溶解出部分乾膜的光阻劑進這水孔中，而有吸收光能量、減少顯像時乾膜薄化的狀況發生，如果不考量成本，濕式乾膜應是改良型半增層線路製程中，對品質上比較好的選擇。

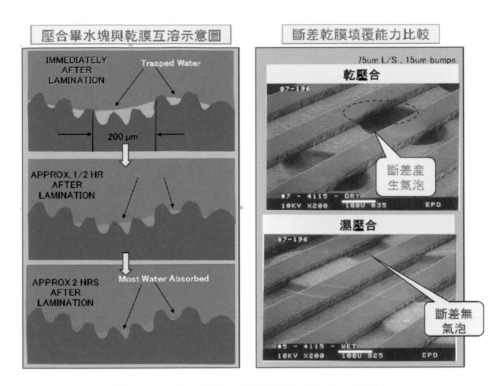

圖 8.15：濕式光阻改善示意圖（來源：杜邦）

8-5 短路

微細線路因線寬線距小，一有金屬異物，造成線路短路的可能性很大，當然異物發生的原因很多，對策上一定要找到異物的發生源，再加以改善。

下圖是在導體上有發現銅絲，這銅絲跨導體造成線路短路，可能發生源由長線路的鍍銅槽、微蝕刻、到貼保護膠片（Cover Layer）的製程等皆有可能發生，因環境不潔，而有金屬異物掉在裸露的線路上。

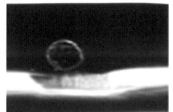

圖 8.16：槽內異物不良樣本

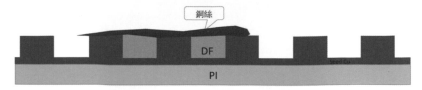

圖 8.17：槽內異物不良發生原因示意圖

　　圖 8.16 的短路樣本經由切片及高倍顯微鏡觀察，發現在金屬異物下有乾膜，那表示這異物是在乾膜剝離前即已附著在導線上。最有可能的發生源是長導線的銅電鍍槽裡面有銅絲異物，在鍍銅時銅絲被吸附到導體的表面，長銅初期製品表面有顯像畢的乾膜，銅異物不易吸附，但當線路長到表層時，銅絲異物就容易吸附在導體表面（圖 8.17）。而這類異物的改善方法，是去除銅絲的發生源，及加強鍍槽的清潔。

　　這類鍍銅槽內的銅絲異物常見的可能發生原因有二，詳細說明如下：

A．陽極袋內的小銅渣流出

　　陽極袋為了讓銅離子能正常析出，通常會用厚的帆布材質，這種材質一定會有小細縫（Mash），而陽極袋內的銅球隨作業時間，銅球的尺寸會越來越小，等銅球的尺寸小到比帆布的細縫小時，這些小銅球即會由陽極袋的細縫流出到鍍銅槽內，而造成槽的小銅絲污染，有以下二種改善對策。

　　其一是將銅球改成不溶解陽極，即將銅離子做成液體狀，定量補充到銅鍍槽內，因沒有銅球及陽極袋，這類的微小的銅絲異物會大大減少。

　　其二是定期更換陽極袋，及袋內的銅球。在陽極袋破損前、銅球細小到即將流出陽極袋前即將之更新，但此方法會提高保養成本，故不太建議。

B. 電鍍條件不佳

　　電鍍槽內的電流太大時，很容易會有銅絲長出，特別是板廠為追求作業效率，會指示工程師提高電流，以加快長銅的效率，這樣銅絲即會同時生成長大。改善對策是可以降低電流，增加陽極的數量，或是將設備的長度槽數增加，提高生產效率。

另外，增加槽內的清潔度，主要是計算減少通過濾心的循環次數（Turn），增加濾心的更換頻率、定期進行清槽保養以及進行強弱電解保養，將槽內的金屬異物清潔或吸附出來。

8-6 線路不良

下方的微細線路不良的照片為一些線路上的銅殘、短路、缺口、斷線樣本，發生的原因是和減層蝕刻法發生的原因類似，但是因微細線路的線寬線距很小，所以一有異常產生即會造成問題，而這些異物的對策大多是和無塵室清潔管理有關，所以在半增層線路製程中無塵室內的無塵度管理必須要比減層法嚴格很多。

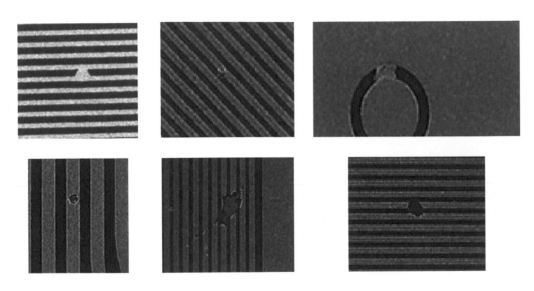

圖 8.18：環境不潔造成線路樣本

本章小結

半增層法的不良項目及改善方法，因過去半增層線路法用在軟板製程上的應用並不是很多，一些新的不良項目，將會在製程導入，產品量產後，陸續出現。

不良品的發生，很多是一開始製程產品設計不良，也有的是材料或是作業端異常，只要運用基本的品質管理不良改善手法，如 QC 7 工具，實實在在的發現真因，做好對策以及再發防止，才能使製程能力再提高。

國家圖書館出版品預行編目 (CIP) 資料

5G世代軟板高頻材料及微細線路製程簡介 / 蘇文彥著. -- 初版. --
桃園市：臺灣電路板協會, 2021.07
240面；19x26公分
ISBN 978-986-99192-3-4 (平裝)

1.印刷電路

448.62   110000886

5G世代軟板高頻材料及微細線路製程簡介

發 行 人：李長明

發行單位：台灣電路板協會

執行單位：台灣電路板產業學院 (PCB 學院)

作　　者：蘇文彥

地　　址：(33743) 桃園市大園區高鐵北路二段 147 號

電　　話：+886-3-3815659

傳　　真：+886-3-3815150

網　　址：http：//www.tpca.org.tw

電子信箱：service@tpca.org.tw

印刷排版：雨果廣告設計有限公司 +886-2-26279596

出版日期：2021 年 7 月

版　　次：初版

定　　價：(會　員) 新台幣 1000 元整
　　　　　　(非會員) 新台幣 1500 元整